森林草原防灭火训练与实战

《森林草原防灭火训练与实战》编委会 ◎ 编

中国林业出版社
China Forestry Publishing House

图书在版编目（CIP）数据

森林草原防灭火训练与实战 /《森林草原防灭火训练与实战》编委会编 . -- 北京：中国林业出版社，2023.7（2024.7 重印）
ISBN 978-7-5219-2272-1

Ⅰ．①森… Ⅱ．①森… Ⅲ．①森林防火②草原保护—防火 Ⅳ．① S762.3 ② S812.6

中国国家版本馆 CIP 数据核字 (2023) 第 141881 号

视频资源

策划、责任编辑	于界芬　吴　卉　温　晋　李丽菁　蔡波妮
数字编辑	于东越　孙源璞
插画绘制	MUMU
装帧设计	睿思视界视觉设计

出版发行　中国林业出版社
　　　　　（100009，北京市西城区刘海胡同 7 号，电话 010-83143542）
电子邮箱　books@theways.cn
网　　址　http://www.cfph.net
印　　刷　河北京平诚乾印刷有限公司
版　　次　2023 年 7 月第 1 版
印　　次　2024 年 7 月第 2 次印刷
开　　本　787mm×1092mm　1/16
印　　张　8.5
字　　数　135 千字
定　　价　68.00 元

森林草原防灭火训练与实战

编委会

主　　任	王海忠　周鸿升
副 主 任	王高潮　田国恒　刘广营
成　　员	张利民　郭延朋　吴占杰　孙　龙　刘晓东　王志成
	张宏伟　罗　爽　张世光　吴建国　马玉春

主　　编	王高潮　张利民　刘广营　舒立福
副 主 编	（按姓氏拼音排序）
	白雪峰　崔同祥　丁　赓　丁立全　郭延朋　韩锡波
	剪文灏　刘建立　刘　铭　刘肖飞　刘志刚　王明玉
	王青松　王伊煊　赵凤君　赵久宇　周志庭
编写人员	王召军　李大勇　张凤宇　张凯欣　李　娟　程　松
	邢　迪　张建立　李孝辉　景艳斌　王海东　杨晶雯
	王　辉　陈继东　赵国华　兰永生　张二亮　尤立权
	王　军　黄永新　刘春利　陈志刚　李云飞　田瑞松
	张　鹤　黄威娜　王天一　王艳锐　赵樱泽　龙在海
	卢银平　田佳杰　刘学东　刘效竹　孙建伟　孙建锋
	姚丽男　孙艳武　关春辉　关昊为　孟凡军　曹　然
	朱明华　那继伟　闫增光　李宝民　张政兴　张建伟
	汪林峰　杨永超　孟晓华　武英东　郑长生　周海明
	林泽明　赵卫国　段秀柱　侯桂群　胡继伟　胡　阳
	那继宏　董　宁　王　静　刘志英　秦　爽　马　莉
	田　铭　孔　楠　苑丽丽　郭敬丽　吕康乐　于长江
	李淑春　张　旭　周长亮　刘凯廷　文　钊　王　博
	吕　发　迟永康

森林草原防灭火训练与实战

前言

  森林草原火灾是一种突发性强、破坏性大、风险高、处置困难的自然灾害。20世纪80年代以来，由于全球气候变暖，高温、干旱等极端天气频繁发生，加之人为活动急剧增多，全球森林草原火灾进入了新一轮高发期。我国幅员辽阔、地形复杂、气候多样，2022年春夏长江流域就出现了60年不遇的干旱，南方多数省（自治区、直辖市）森林火险等级居高不下，造成了群众生命财产和扑救人员的伤亡和重大损失。我国森林草原防灭火工作面临自然因素和社会因素叠加的严峻挑战。因此，如何应对森林草原火灾风险挑战，有效防范化解重特大灾害，已成为一项重要而迫切的任务。

  森林和草原对国家生态安全具有基础性、战略性作用，林草兴则生态兴。党的十八大以来，尤其是2018年国家机构改革后，党中央高度重视森林草原防灭火工作，将其作为防灾减灾的重要任务，并作出一系列重要决策部署，森林草原防灭火工作取得长足发展，火灾综合防控能力显著提升。

我国森林草原防灭火工作虽然得到了进一步加强，但由于缺乏科学系统的专业队伍训练教材，队伍训练内容还不够完整，训练组织还不够规范，训练质量参差不齐。因此，为全面加强新形势下森林草原防灭火工作，增强森林草原防灭火队伍训练和实战技能，十分有必要出版一套科学性、实践性较强的理论与实践指导用书，有针对性地开展相关培训工作。编者以现行《森林防火条例》《草原防火条例》为依据，认真总结调研专业队伍训练现状，以及现有训练资料成熟做法，精心编撰出版了《森林草原防灭火训练与实战》一书。本书图文并茂，实景与动漫图结合，嵌入融媒体内容，配有实践操作视频，可观，可看，可听，藉此为森林草原火灾防灭火扑救和专业队伍训练，提供内容比较完整，科学性、针对性、操作性较强的理论指导和实践手册。

本书的编写得到了河北省木兰围场国有林场的大力支持，是木兰林场庆祝建场60周年系列图书重要组成部分。在此一并表示感谢！

随着科技发展，森林草原灭火从人力灭火向科技灭火、直接灭火向间接灭火转型转变，编者将及时修订完善内容，敬请批评指正。

编　者
2023年6月

目 录

前 言

第一章
森林和草原概述
第一节　森林　　　　　　01
第二节　草原　　　　　　04
第三节　森林草原火灾　　06

第二章
林火基础理论
第一节　林火燃烧要素　　10
第二节　林火燃烧过程　　14
第三节　林火种类　　　　16
第四节　林火行为　　　　18
第五节　林火分布规律　　25

第三章
森林草原火灾扑救
第一节　灭火基本原理　　27
第二节　灭火方式　　　　28
第三节　灭火技术和手段　29
第四节　灭火战术原则　　35
第五节　灭火战法　　　　39

- **第四章**
  灭火组织指挥
  - 第一节　灭火指挥机构及指挥关系　45
  - 第二节　灭火指挥原则　48
  - 第三节　灭火指挥程序　49
  - 第四节　灭火指挥"十个严禁"　51

- **第五章**
  灭火安全
  - 第一节　火场危险因素　53
  - 第二节　火场紧急避险方法　58
  - 第三节　火场险情处置　62
  - 第四节　火场救护　64
  - 第五节　迷山自救　66
  - 第六节　扑救安全工作"十个必须"　69

- **第六章**
  森林消防队伍训练
  - 第一节　共同科目训练　70
  - 第二节　灭火机具训练　76
  - 第三节　灭火技能训练　81
  - 第四节　单兵合成训练　102

- **第七章**
  识图用图
  - 第一节　地形图知识　106
  - 第二节　现地使用地形图　120
  - 第三节　森林防火"一张图"系统　122
  - 第四节　卫星定位与导航　123

参考文献　126

第一章
森林和草原概述

本章视频资源

第一节 森　林

森林是地球上的基因库、碳贮库、蓄水库和能源库，占地球土地面积的30%，是人类赖以生存和发展的重要资源之一。

森林是一种植被类型，是以乔木为主体，包括灌木、草本植物、林下枯落物、表层土壤以及其他生物在内，占有相当大空间，密集生长，并能显著影响周围环境的生物群落。

一、森林结构

森林是由林木、土地、微生物等组成的世界上最大的陆地生态系统，是生物链不能缺少的一环，也是能量循环过程中重要的组成部分。森林具有丰富的物种和复杂的结构，按照物种占据空间可分为5个层级，不同层级植物种类构成和数量，是影响火险区域划分的重要指标。

（一）乔木层（林木）

乔木层是主体，也是经营的主要对象，处于森林的最上层，决定着森林的外貌特征和内部基本特征，对森林的经济价值和环境调节起着主要作用。

（二）灌木层（下木）

灌木层在乔木层之下，是所有灌木型木本植物的总称，其高度一般不超过成熟林分平均高的 1/2。包括灌木及小乔木，通称为下木层。下木能抑制杂草，促进主林生长并改变其干形，为幼树遮阴，减少地表径流和蒸发，提高土壤肥力，增强森林的防护效能，具有一定的经济价值。

（三）草本植物层

草本植物层包括所有草本植物以及达不到下木层高度的小灌木和半灌木。

（四）活地被植物层

活地被植物层是森林最底层的植物成分，是覆盖在林地上的低矮草本植物（达不到草本层高度的草本植物）、地衣、苔藓的总称。

（五）层间植物

层间植物是指森林中常常生长着一些藤本植物、寄生和半寄生植物和附生植物等。它们有时处在乔木层，有时处在灌木层，在森林中地位很不稳定。

二、森林分类

森林可以按照不同的标准做不同的划分，不同种类的森林其特征有着明显的差异。森林按照经营分为公益林和商品林；按照森林外貌分为针叶林、针阔混交林、阔叶林；按照森林起源分为天然林、半次生林、人工林等三类；按照树种组成分为纯林和混交林；按照森林功能分为防护林、用材林、经济林、薪炭林、特种用途林。

三、我国森林概况

（一）森林植被

截至 2022 年年底，我国森林面积 34.65 亿亩，森林覆盖率为 24.02%，人工林面积居世界首位，我国森林资源呈现出"数量"与"质量"双增的趋势，但与世界林业发达国家相比，我国森林面积仅占世界的 6.8% 左右，森林总蓄积量仅占世界总蓄积量 3% 左右。此外，还存在森林资源分布不均、资源结构不合理、人工林质量不高等问题。

（二）森林植被类型分布

我国地域广阔，地质地貌复杂，自然条件多样，所以森林类型很多，但是分布不均匀，主要集中在东半部和西南部的山地和丘陵地区。按照《中国植被》划分标准，我国主要森林植被划分为 8 个区。

寒温带针叶林区域　主要位于大兴安岭北部山地丘陵区，是我国最寒冷的地区，也是我国最北的林区。

温带针阔叶混交林区域　主要包括东北东部山地，华北山地，山东、辽东丘陵山地，黄土高原东南部，华北平原和关中平原等地。

暖温带落叶阔叶林区域　该区域与温带针阔叶混交林接壤，南以秦岭、淮河为界，东为辽东、胶东半岛，中为华北和淮北平原。

亚热带常绿阔叶林区域　主要包括淮河、秦岭到南岭之间的广大亚热带地区，向西直到青藏高原东南边缘的山地。

热带季雨林、雨林区域　该区域是我国最南端的植被区，包括北回归线以南的云南、广东、广西、台湾的南部及西藏东南缘山地和南海诸岛。

温带草原区域　包括东北平原、内蒙古高原、黄土高原的一部分和阿尔泰山山区等。

温带荒漠区域　该区域主要分布在年降水量在 200 毫米以下的地方，很多地方不到 100 毫米，甚至不到 10 毫米，属于温带干旱气候和极端干旱气候。

青藏高原高寒植被区域　包括青藏和西藏东南局部、西北大部分地区，并包括四川西部和云南西北部的部分地区。

四、森林效益

森林效益是指森林生物群体的物质生产、能量贮备及其对周围环境的影响所表现的森林价值。主要包括经济效益、生态效益和社会效益。

（一）经济效益

森林能够给人类提供物质和能源等看得见摸得着的实物，如木材、能源、食物、化工原料、医药原材料、物种基因资源等。此外，随着碳汇交易机制的不断完善，碳汇林业的巨大商机也逐渐显现出来。

（二）生态效益

森林能够吸收二氧化碳释放氧气，营造有利于人类和生物种群生息、繁衍的环境。生态效益主要包括涵养水源、保持水土、调节气候、防风固沙、净化大气、改善环境、提高生物多样性等。

（三）社会效益

森林的社会效益表现为森林对人类生存、生育、居住、活动以及在人的心理、情绪、感觉、教育等方面所产生的作用。健康的森林环境是理想的休养场所，森林的枝叶树干对声波有阻挡吸收作用和消除噪声作用；森林优美的林冠，千姿百态的叶、枝、花、果，以及随季节而变化呈现的绚丽多彩的各种颜色，使人们心情愉悦，有利于营造和谐的社会环境。

第二节　草　原

草原是世界上面积最大的陆地生态系统。草原是生长草本植物为主体的广大土地，是人类放牧生产、经营利用、文化生活和保护环境、改造自然的重要场所。草原的含义有广义与狭义之分：广义的草原包括在较干旱环境下形成的以草本植物为主的植被，主要包括热带草原和温带草原两大类型；狭义的草原则只包括温带草原。

一、我国草原分类

根据我国草地资源调查的分类原则，将我国草地划分为18个类53个组824个草地类型。其中，18个类分别是高寒草甸类、温性草原类、高寒草原类、温性荒漠类、低地草甸类、温性荒漠草原类、山地草甸类、热性灌草丛类、温性草甸草原类、热性草丛类、暖性灌草丛类、温性草原化荒漠类、高寒荒漠草原类、高寒草甸草原类、暖性草丛类、高寒荒漠类、沼泽类和干热稀树灌草丛类。在《中国草地资源》分类基础上，《全国草原监测评价工作手册》（2022年）将全国草原划分为草原、草甸、荒漠、灌草丛、稀树草原、人工草地6个类组19个类824个型。

二、我国草原分区

草原分区是根据草原的发生学特点（类型、分布等）及功能特征，结合行政边界的划分，将一定范围内的草原资源进行分区，以实现合理利用、科学监管和有效保护。我国草原可划分为5个大区，即内蒙古高原草原区、西北山地盆地草原区、青藏高原草原区、东北华北平原山地丘陵草原区、南方山地丘陵草原区。

三、草原功能

（一）经济功能

草原是广大农牧民赖以生存的家园，并为他们提供了重要的生产资料和生活资料，草原民族90%左右的收入直接或间接来自草原。草原同时也是人们向往的旅游胜地和特有经济发展的重要基地，草原的经济属性是草原保护建设和发展的重要内容之一。草原的经济功能体现在草原畜牧业、草原生态旅游业、草原特色产业等方面。

（二）生态功能

草原被誉为地球的"皮肤"，具有涵养水源、防风固沙、保持水土、净化空气、固碳释氧，以及保护生物多样性等多重生态功能。如果把森林比作立体生态屏障，那草原就是水平生态屏障。尤其是在年降水量400毫米以下干旱、半干旱地区，草原生态系统是适应环境的稳定生态系统，是其他任何生态系统无法替代的。因此，草原生态功能将直接影响着我国陆地生态系统整体结构的完整性和生态功能的发挥。

（三）文化功能

草原文化是由世代生息在草原上的先民、部落、民族共同创造的一种与草原自然生态相适应的文化。这种文化包括人们的生产方式、生活方式以及与之适应的民族习惯、思想观念、宗教信仰与文学艺术等。草原文化以生态文化为核心，包括民族文化、游牧文化等多种形态，与黄河文化、长江文化一样，是中华文化的三大组成部分之一。在中华文化形成和发展的历史进程中，草原文化发挥了重要的历史性作用。草原文化功能主要体现在礼俗、饮食、音乐、舞蹈、体育、绘画、艺术及宗教等各个方面。

第三节　森林草原火灾

一、森林火灾

森林火灾

凡是失去人为控制，在林地内自由蔓延和扩展，对森林、森林生态系统和人类带来一定危害和损失的林火称为森林火灾。森林火灾是一种突发性强、破坏性大、处置救助困难的自然灾害。

（一）森林火灾的划分

按照受害森林面积和伤亡人数，森林火灾分为一般森林火灾、较大森林火灾、重大森林火灾和特别重大森林火灾。

一般森林火灾　受害森林面积在1公顷以下或者其他林地起火的，或者死亡1人以上3人以下的，或者重伤1人以上10人以下的。

较大森林火灾　受害森林面积在1公顷以上100公顷以下的，或者死亡3人以上10人以下的，或者重伤10人以上50人以下的。

重大森林火灾　受害森林面积在100公顷以上1000公顷以下的，或者死亡10人以上30人以下的，或者重伤50人以上100人以下的。

特别重大森林火灾　受害森林面积在1000公顷以上的，或者死亡30人以上的，或者重伤100人以上的。

（二）森林火灾的危害

烧毁林木　森林一旦遭受火灾，最直接的危害是烧毁和烧伤林木，造成森林蓄积量下降,森林生长受到严重影响。森林是生长周期较长的一种再生资源,遭受火灾后,其恢复需要很长的时间。特别是高强度大面积森林火灾之后,森林很难恢复原貌,常常被低价林或灌丛取而代之。如果反复多次遭到火灾危害,森林还会成为荒草地,甚至变成裸地。例如,1987年我国"5.6"特大森林火灾之后,分布在坡度较陡地段的森林,被大火烧后基本变成了荒草坡,生态环境被严重破坏。

烧毁林下植物资源 森林除了可以提供木材以外,林下还蕴藏着丰富的野生植物资源。如蕨菜、榛子、野生蘑菇等都是营养十分丰富的纯天然绿色无公害产品,深受广大消费者的青睐;长白山林区的人参、灵芝、刺五加等是珍贵药材。森林火灾能烧毁这些珍贵的野生植物,或由于林火干扰,改变了生存环境,使其数量显著减少,甚至使某些植物灭绝。

破坏野生动物赖以生存的森林环境 森林遭受火灾后,会破坏野生动物赖以生存的环境,有时甚至直接烧死、烧伤野生动物。由于火灾等原因而造成的森林破坏,很多野生动物种类已经灭绝或处于濒危。因此,防范森林火灾发生,不仅保护森林本身,同时也保护野生动物,进而保护生物物种的多样性。

引起水土流失 森林具有涵养水源、保持水土的作用。据测算,每公顷林地比无林地多蓄水30立方米。3000公顷森林的蓄水量相当于一座100万立方米的小型水库。因此,森林有"绿色水库"之美称。此外,树木的枝叶及林床(地被物层)的机械作用,大大减缓雨水对地表的冲击力;林地表面海绵状的枯枝落叶层不仅具有雨水冲击作用,而且能大量吸收水分;加之,森林庞大的根系对土壤的固定作用,使得林地很少发生水土流失现象。然而,当森林火灾过后,森林的这种功能会显著减弱,严重时甚至会消失。因此,森林大火不仅会引起水土流失,还会引发泥石流等自然灾害。

导致下游河流水质下降 森林多分布在山区,山高坡陡,一旦遭受火灾,林地土壤侵蚀、流失要比平原严重很多。大量的泥沙会被带到下游的河流或湖泊之中，引起河流淤积，并导致河水中养分发生变化，水质显著下降。河流水质的变化会严重影响鱼类等水生生物的生存；颗粒细小的泥沙会使鱼卵窒息，抑制鱼苗发育；火烧后的黑色物质（灰分等）大量吸收太阳能，使得下游河流水温升高，易使鱼类染病。

造成空气污染 森林燃烧会产生大量的烟雾，其主要成分为二氧化碳和水蒸气，这两种物质占所有烟雾成分的 90%～95%。另外，森林燃烧还会产生一氧化碳、碳氢化合物、碳化物、氮氧化物及微粒物质，占 5%～10%。除了水蒸气以外，所有其他物质的含量超过某一限度时都会造成空气污染，危害人类身体健康及野生动物的生存。

危害人民生命财产安全 森林火灾常造成人员伤亡和财产损失。全世界每年由于森林火灾导致千余人死亡。2017 年 6 月葡萄牙大火烧死 67 人，烧伤 60 余人；1987 年大兴安岭特大森林火灾烧毁 3 个林业局，9 个林场，4 个半贮木场（烧毁木材 85 万立方米），桥梁 67 座，铁路 9.2 千米，输电线路 284 千米，房屋 6.4 万平方米，粮食 325 万千克，各种设备 2488 台，损失十分惨重，直接经济损失 4.2 亿元人民币。

二、草原火灾

草原火灾

草原火灾是因自然或人为原因，使草原或草山、草地起火燃烧所造成的灾害。具有突发性强、发展速度快、境外火威胁大的特点。发生草原火灾后，草原功能会急速退化，如果加上干旱等气候因素，可导致草原快速荒漠化。

（一）草原火灾的划分

根据受害草原面积、伤亡人数和经济损失，将草原火灾划分为 4 个等级。

一般草原火灾 符合下列条件之一：① 受害草原面积 10 公顷以上 1000 公顷以下的；② 造成重伤 3 人以下的；③ 直接经济损失 5000 元以上 50 万元以下的。

较大草原火灾 符合下列条件之一：① 受害草原面积 1000 公顷以

上 5000 公顷以下的；② 造成死亡 3 人以下，或造成重伤 3 人以上 10 人以下的；③ 直接经济损失 50 万元以上 300 万元以下的。

重大草原火灾　符合下列条件之一：① 受害草原面积 5000 公顷以上 8000 公顷以下的；② 造成死亡 3 人以上 10 人以下，或造成死亡和重伤合计 10 人以上 20 人以下的；③ 直接经济损失 300 万元以上 500 万元以下的。

特别重大草原火灾　符合下列条件之一：① 受害草原面积 8000 公顷以上的；② 造成死亡 10 人以上，或造成死亡和重伤合计 20 人以上的；③ 直接经济损失 500 万元以上的。

（二）草原火灾的危害

烧毁草原资源　草原有丰富的野生动植物资源，火灾不仅会导致部分动植物灭绝，影响草原生态功能和生产功能，而且会降低草地植被密度，破坏草原结构，使草原面积减少和草原质量下降。

造成空气污染　草原火灾会产生大量的烟雾，烟雾主要成分为二氧化碳、一氧化碳、碳氢化合物、碳化物、氮氧化物及微粒物质，这些物质都会造成空气污染，危害人类身体健康及野生动物生存。

引发次生灾害　草原火灾会引发一系列次生灾害。草原土层很薄，火灾发生后，草原的土壤会裸露，如果受到大风侵袭就会使草原表土层吹散丢失，出现荒漠化甚至沙漠化，失去涵养水源和保持水土的作用。

造成草原退化　大火会使草原快速退化，草原生态被破坏后往往需要几十年甚至上百年才能恢复。

危害人类生命财产安全　大多草原平坦开阔，而且草原植被多为易燃可燃物，一旦发生火灾，在大风作用下，火势将会迅猛蔓延，难以扑救和控制。同时，由于草原比较平坦，火灾风向多变，常常出现多个火头，蔓延速度快，人、畜转移困难，极易造成伤亡。草原火灾还会烧毁牧民的生产设施和建筑物，威胁附近的村镇，危及人民生命财产安全，影响社会稳定。

第二章
林火基础理论

本章
视频资源

林火原理是阐明森林燃烧机制、林火发生发展规律，影响森林燃烧及发生发展诸因子以及其相互关系的科学，是森林草原火灾预防扑救、火灾调查和灾后评估的理论基础。

第一节　林火燃烧要素

本节
数字资源

森林草原
燃烧发生的
必备三要素

森林草原火灾是一种具有破坏性的燃烧现象，其本质是可燃物在一定条件下与空气中的氧快速结合，发热放光的化学反应。这种燃烧是在自然界开放系统中进行的，会受各种因素影响，具有很大的随机性和复杂多变性，使其常常难以控制。森林草原燃烧的发生必须具备三个要素，即可燃物、氧气（助燃物）和温度。

一、可燃物

可燃物

可燃物就是森林草原中可以燃烧的物质。森林草原中的一切有机物质都是可燃物，如树木、苔藓、地衣、杂草、地表枯枝落叶以及地表以下的腐殖质和泥炭，是森林草原燃烧的物质基础。可燃物对森林草原火灾发生、扑救以及安全用火均有明显影响。易燃可燃物的数量变化决定着森林的燃烧性，可燃物分布不同影响着林火强度、蔓延速度和燃烧状态。可燃物载量的多少，决定燃烧后释放热量的多少和火强度的高低。可燃物的大小影响其易燃程度。同时在森林草原燃烧过程中，由于火的强度和燃烧速度不同，有效可燃物载量影响着火场清理的难易和形成复燃或二次燃烧危险程度的大小。火场上二次燃烧现象的出现与可燃物的性质直接相关，第一次燃烧的残余可燃物越多、残余的余火越多，清理越不彻底，则越容易在短时间内形成二次燃烧，造成人员伤亡事故发生。

（一）可燃物形成

森林草原可燃物质大都源于绿色植物的光合作用。植物在生长季节由于体内水分含量大，一般不容易燃烧，而到了秋季，一年生杂草逐渐干枯死亡，在地表形成一层非常易燃的细小可燃物层，为发生森林草原火灾提供了引燃物质；林内和草地上会产生大量凋落物与地表干枯杂草混合成极易燃的可燃物层，一旦出现火源，林火就会发生。所以，不论是森林可燃物还是草原可燃物都来源于森林草原本身，整个树木或植物体的自然死亡和部分死亡是提供可燃物的主要来源。

（二）可燃物种类

在不同应用场所，可燃物可以依据不同标准划分出不同种类。可燃物种类主要依据植物类别、易燃程度、大小和空间分布等对其进行划分。

1. 按植物类别划分

地衣　燃点低，在林中多呈点状分布，含水量随大气湿度变化而变化，易干燥。

苔藓　林地上的苔藓一般不易着火。生长在树皮、树枝上的苔藓，易干燥，是引起常绿树树冠火的危险可燃物。泥炭苔藓多的地方，在干旱年份，也有发生地下火的可能。

草本植物　大多数草本植物干枯后都易燃，是森林火灾的引火物。但是，也有不易燃的草本植物。例如，东北林区某些早春植物，如冰里花、草玉梅、延胡索、错草等，春季防火期是其生长时期，不仅不易燃，而且具有一定的阻火作用。

灌木 多年生木本植物，有的易燃，有的难燃。胡枝子、榛子、绣线菊等易燃，接骨木、鸭脚木、红瑞木等难燃。某些常绿针叶灌木，如兴安桧、偃松等，体内含有大量树脂和挥发性油类，都属于易燃的灌木。

乔木 树种不同，其燃烧性不同。通常针叶树较阔叶树易燃。但有些阔叶树也是易燃的，如桦树，树皮呈薄膜状，含油脂较多，极易点燃；蒙古栎多生长在干燥山坡，冬季幼树叶子干枯而不脱落，容易燃烧；南方的桉树和橡树都富含油脂，属易燃常绿阔叶树。

2. 按可燃物易燃程度划分

易燃可燃物 在一般情况下容易引燃，燃烧快，如地表干枯的杂草、枯枝、落叶、凋落树皮、地衣和苔藓及针叶树的针叶、小枝等，这些可燃物的特点是干燥快、燃点低、燃烧速度快，是林内的引燃物。

燃烧缓慢可燃物 指颗粒较大的重型可燃物，如枯立木、树根、大枝、倒木、腐殖质和泥炭等。这些可燃物不易燃烧，但着火后能长期保持热量，不易扑灭。这种情况下，火场很难清理，而且容易发生复燃火。

难燃可燃物 指正在生长的草本植物、灌木和乔木。它们体内含有大量水分，不易燃，有时可减弱火势或使火熄灭。但遇到强火时，这些绿色植物也能脱水而燃烧。

3. 按可燃物大小划分

重型可燃物 指直径粗大的可燃物，如树干、枯立木或活树等。

轻型可燃物 指直径细小的可燃物，如小树枝、树叶、杂草和干燥的针叶等。

4. 按可燃物分布的空间位置划分

地下可燃物 包括表层松散地被物以下所有能燃烧的物质，主要为树根、腐朽木、腐殖质、泥炭和其他动植物体。这类可燃物通常体内水分含量较高，不易引燃，只有含水率降到 20% 以下才能够点燃，形成无焰燃烧，燃烧持续时间很长，燃烧需要很少的氧气。显然，地下可燃物是形成地下火的物质基础，虽然蔓延速度缓慢，但扑救困难，危险隐患多。

地表可燃物 指由松散地被物层到林中 2 米以下空间范围内的所有可以燃烧的物质。包括凋落的针叶、阔叶、树枝、球果，林下杂草、灌木、苔藓、地衣、倒木及其他林内采伐剩余物和林内杂乱物。

空中可燃物 指高度在 2 米以上所有的空中可燃物，主要包括较大的幼树、大灌木、林冠层、层间植物等。有时将层间植物（如藤本）、灌木、幼树及树干上的枯枝等又称为梯形可燃物，极易发展蔓延成树冠火。

二、氧气（助燃物）

燃烧是可燃物与氧的反应，燃烧时不能缺少氧气。常温下，氧化作用非常缓慢；而在燃烧产生的高温作用下，空气中的氧被活化，这种活化氧很容易与森林草原可燃物结合发生化学反应，进而燃烧。空气中含有 21% 的氧气，一般情况下若空气中氧气含量降低到 14%~18%，燃烧就会停止。因此，在森林草原燃烧过程中，必须有足够的氧气，燃烧才能完成。燃烧需要消耗大量氧气，1 千克木材完全燃烧需纯氧 0.97~1.65 立方米，需空气 4.6~7.8 立方米。氧气充足时燃烧为完全燃烧，如果氧气供给不足，则会出现不完全燃烧。

（一）完全燃烧

燃烧过程中若氧气供应充足，可燃物能被烧尽，释放出的热量也较多。燃烧时火焰明亮，但燃烧后所形成的灰分和水蒸气，不能再次燃烧。

（二）不完全燃烧

燃烧过程中若氧气供应不充足，可燃物不能被烧尽，释放出的热量也较少。燃烧时火焰呈暗红色并带有大量黑烟，但燃烧后的产物一氧化碳和木炭等能够再次进行燃烧。

三、温度

燃烧除了需要可燃物和氧气以外，还需要有一定的温度才能进行。温度不仅能使氧变为活化氧，而且还能使可燃物分解出可燃性气体。当外界火源对可燃物进行加温时，开始时温度缓慢上升，大量水汽开始蒸发，并有部分可燃性气体开始挥发而冒烟。随着湿度升高，可燃物挥发出大量可燃性气体，可燃物被点燃，这时的温度称为燃点。燃点是可燃物维持燃烧所需要的最低温度，各种可燃物的燃点差异较大。一般干枯杂草的燃点为 150～200℃，木材的燃点为 250～300℃。要达到这样高的温度，则需要有外界火源。一旦可燃物达到燃点以后，就不再需要外界火源，依靠自身释放的热量就能继续燃烧。

森林草原可燃物非明火点燃而是自发产生燃烧的现象称为自燃，此时的温度称为自燃点。在特殊环境下，森林草原可燃物内部，由于生化过程会产生热量，这些热量积累到一定程度，会引起可燃物温度上升，到达自燃点而燃烧。

第二节 林火燃烧过程

燃烧过程是热量平衡的化学反应过程，是当热量输入速度大于热量输出速度时可燃物急剧增温而被点燃燃烧，熄灭则相反，最后导致燃烧终止。这一过程外在表现为伴随着传热、传质和流动的物理化学过程的综合。依据燃烧表现出不同特点，森林燃烧过程大致可划分为预热、气体燃烧和木炭燃烧 3 个不同阶段。

一、预热阶段

预热阶段是指森林可燃物在火源作用下，受热而干燥、收缩，并开始分解生成挥发性可燃气体如一氧化碳、氢气、甲烷等，但是尚不能进行燃烧的点燃前阶段。

由于森林可燃物都是固体燃料，在着火之前，必须通过热分解释放出可燃性气体，才能开始燃烧。自然条件下，森林可燃物都含有水分，在预热阶段，外界火源提供的热量，使可燃物温度不断升高，体内水分被不断蒸发，同时形成烟雾，当可燃物达到一定温度后，开始进行热分解。可燃物受热分解为小分子物质的过程，叫做热分解。随着热分解的发生，小分子的挥发性可燃气体不断逸出，因此这个阶段需要环境提供热量，预热阶段也称为吸热阶段。预热阶段的长短既与火源体的大小有关，也与可燃物的干湿有关。对同一火源，干燥的可燃物，预热阶段十分短暂；湿润的可燃物，则需要较长的预热阶段。

二、气体燃烧阶段

随着温度继续升高，可燃物迅速分解出大量可燃性气体和焦油液滴，它们形成的可燃性挥发物与空气接触形成可燃性混合物。当混合挥发物浓度达到一定数值，且温度达到燃烧下限时（即燃点），可燃物被点燃，在固体可燃物上方可形成明亮的火焰，释放出大量热量，产生二氧化碳和水汽。可燃物有焰燃烧又称为明火，其蔓延速度快，林火强度高，进行直接扑救容易发生危险。

三、木炭燃烧阶段

在气体燃烧阶段末期，固体木炭表面上会继续发生缓慢的氧化反应，其本质是木炭表面碳粒子由表及里进行的缓慢的氧化反应，木炭完全燃烧后产生灰分。该阶段的热量释放速度较缓慢，释放出的热量较前一阶段少，一般看不见火焰。可燃物进行的是无焰燃烧，又称为暗火，特点是蔓延速度慢，持续时间长，消耗自身的热量多，如泥炭可消耗其全部热量的50%，在较湿的情况下仍可继续燃烧。

本节
数字资源

林火种类

第三节　林火种类

林火种类的划分，主要根据火烧部位、火的蔓延速度和树木受害程度来划分，一般可分为地表火、树冠火和地下火 3 类。

一、地表火

地表火是沿着森林地面燃烧的火，火沿森林地表面蔓延，烧毁地被物，危害幼树、灌木，烧伤树干基部和露出地面的树根，影响树木生长，且易引起森林病虫害的大量发生，造成大面积林木枯死。但轻微地表火，却能对林木

地表火

起到某些有益的作用。地表火的烟为灰白色，温度可达 400～800℃。在各类林火当中，地表火出现的次数最多。地表火根据蔓延速度不同，又分为 2 类。

（一）急进地表火

急进地表火蔓延速度快，每小时 4～7 千米，有时可达到每小时 10 千米，多发生在初春和初秋季节。这类火往往燃烧不均匀，常留下未烧的地块，有时会有部分乔、灌木没有被燃烧，对森林的危害也较轻。火烧迹地呈长椭圆形或顺风伸展呈三角形。

（二）稳进地表火

稳进地表火蔓延速度缓慢，一般每小时几十米，火烧时间长、温度高、火强度大、燃烧彻底，主要烧毁地被物，有时乔木底层的枝条也被烧毁。这类火对森林危害较重，严重影响林木生长。火烧迹地为椭圆形。

二、树冠火

树冠火是林火在树冠上燃烧的火。林火遇到强风或针叶幼树群、枯立木、风倒木、低垂树枝时，火就会烧至树冠，并沿树冠蔓延和扩展。上部能烧毁针叶，烧焦树枝和树干，下部能烧毁地被物、幼树和下木。在火头前，经常

树冠火

树冠火

有燃烧的枝桠、碎木和火星，从而加速了火的蔓延，扩大了森林损失。树冠火焰为深灰色，温度可高达900℃左右，烟雾高达几千米，这类火破坏性大且不易扑救。树冠火多发生于长期干旱的针叶幼林、中龄林或针叶异龄林中。根据蔓延情况，树冠火又可分为2种类型。

（一）连续型树冠火

针叶树冠连续分布，火烧至树冠，并沿树冠继续扩展，按其速度不同又分为急进树冠火和稳进树冠火2类。

急进树冠火 又称狂燃火。火焰在树冠上跳跃前进，速度快，顺风每小时可达8~25千米甚至更快，形成向前伸展的火舌。这类火往往形成上下两段火头，上部火头沿树冠发展快，地面的火头远远落在后边。急进树冠火能烧毁针叶、小枝，烧焦树皮和较大的枝条。

稳进树冠火 又称遍燃火。火的蔓延速度较慢，顺风每小时可达5~8千米。这类火燃烧彻底，温度高，火强度大，能将树叶和树枝完全烧尽，是危害最为严重的一种林火。火烧迹地呈椭圆形。

（二）间歇型树冠火

强烈地表火烧至树冠，引起树冠燃烧。当树冠不连续时，便下降为地表火，遇到树冠再上升为树冠火。这类火主要受强烈地表火的支

持而在林中起伏蔓延。

三、地下火

地下火

地下火是指在林下腐殖质层或泥炭层中燃烧的火。在腐殖质层中燃烧的火称为腐殖质火；在泥炭层中燃烧的火称为泥炭火。地下火在地表面不见火焰，只有烟，这类火可一直烧到矿物层和地下水层的上部。地下火蔓延速度缓慢，

地下火

每小时仅 4～5 米，一昼夜可烧几十米或更多，温度高，破坏力强，持续时间长，一般能烧几天、几个月或更长时间，不易扑救。地下火能烧掉腐殖质、泥炭和树根等。火灾发生后，树木枯黄而死，火烧迹地一般呈环形。地下火多发生在特别干旱季节的针叶林内。地下火燃烧时间长，从秋季开始发生，隐藏地下，可以越冬，所以又称越冬火，直到翌年春季仍可继续燃烧。这类火多发生在高纬度地区，我国大、小兴安岭北部均有分布。

本节
数字资源

林火行为

第四节　林火行为

林火行为是指林火从发生、蔓延直至熄灭的整个过程中所表现出的现象和特征。林火行为受各种因素影响千差万别，其中自然环境条件的影响尤为突出。林火行为的指标包括着火难易程度、火蔓延、能量释放、火强度、火焰高度、火焰长度、火持续时间、火烈度和林火种类等。

一、林火蔓延

林火蔓延是林火行为的一个重要指标，它包括火的扩展速度和火的前进方向。林火又分为速行火和稳进火，它的热传播方式主要依靠热对流和热辐射传导。这些都是灭火的重要指标。

林火蔓延

林火顺风蔓延时速度最快，逆风蔓延时则火的速度较慢。沿风的方向蔓延为火头，与之相反的部分称之为火尾，介于火头和火尾之间的部分为火翼。火在山岗地形燃烧时，一般向两侧山脊蔓延较快，而在沟谷中燃烧时，蔓延较慢。林火蔓延与时间密切相关，时间愈长，火场蔓延面积愈大，反之，火场蔓延面积较小。

（一）林火蔓延速度

火场面积蔓延速度和火场周边扩展速度经常是用以估算灭火人力的重要依据。估算方法较多，主要有以下几种。

线速度 指在一定时间内，火头向前推进的速度，即火在一定时间内蔓延的直线距离，以米/秒或千米/小时计算。

面积速度 以火场面积计算的速度，以平方米/秒或平方千米/小时表示。

火场周长速度 以米/秒或千米/小时表示，灭火时常按火线长度来计算灭火所需兵力。

上述3种火蔓延速度计算方法在实际灭火中已得到应用。对于初发的小面积火场，在地表平坦和无风的条件下，可以按圆面积和圆周长公式计算。

（二）影响林火蔓延的主要因素

风力 风是影响火蔓延的重要因素，它直接影响火的蔓延速度和方向。主要原因：一是由于风的作用，使热对流发生变化，加速热平流，促使火向前蔓延；二是由于风的作用，加速氧的供应，从而加速火的蔓延速度。此外，风还可以加速可燃物水分蒸发，加快火的蔓延。同时，森林燃烧也会加快空气流动而产生风，在强烈火来到之前，短

影响林火
蔓延的主要
因素

距离的强阵风，能加速火的蔓延。

地形 这是影响火蔓延的主要因素。由于地形起伏不平，影响热传播，上山火可燃物接收到的对流热和辐射热强度增加，因此火向山坡上蔓延快；相反，下山火蔓延缓慢。火的蔓延速度主要取决于坡度大小。此外，不同坡向日照情况不相同，不同坡度水分滞留时间也不一样，可燃物类型和干湿程度也不相同，这些都对火的蔓延速度产生影响。

可燃物密实度 指森林地被物（未分解层）的真体积与其自然状态下的体积之比。主要影响可燃物层的通风、点燃、蔓延等。一般情况下，可燃物层的密实度越大，可燃物排列越紧密，通透性差、保湿性强，越不易点燃和蔓延；可燃物的密实度愈小则愈易燃，而且容易蔓延。

可燃物含水率 可燃物含水率是影响林火蔓延的重要因子。一般情况下，普通可燃物含水率超过 35% 则不易燃烧；含水率 25%~35% 为难燃、17%~25% 为可燃、10%~16% 为易燃，含水率小于 10% 则为极易燃烧。可燃物含水率的变化很大程度取决于气象因子。如果气温高、湿度小、连续干旱，则可燃物含水率低；反之，降水量多、连旱时间短，可燃物含水率高且不易燃烧。

火场面积大小 在一般情况下，初始火场面积愈小，蔓延面积也小；相反则大。所以灭火时应遵守"打早、打小、打了"的原则。

昼夜因素 白天气温高、相对湿度低、风速大，林火蔓延速度快；夜间气温低、相对湿度高、风速小，林火蔓延速度慢。

二、林火强度

林火强度

森林可燃物燃烧时整个火场的热量释放速度称之为林火强度（灭火行动中通常根据火焰高度判断火强度大小，火焰高度低于 1.5 米时为低强度火，火焰高度在 1.5 米以上 3 米以下时为中强度火，火焰高度大于 3 米时为高强度火）。林火强度是林火的重要标志，林火强度关系到扑救力量、装备以及灭火战术的运用，同时也是判断火灾造成损失的重要依据。林火强度包括火线强度和发热强度：火线强度是指在单位时间内，单位火线长度上产生的热量；发热强度是指单位面积上，单位时间内发出的热量。

林火强度通常采用美国物理学家拜拉姆火强度的计算公式计算：

$$I=0.007HWR$$

式中：I 为火强度（千瓦/米）；H 为发热量（焦耳/克）；W 为有效可燃物数量（吨/公顷）；R 为火蔓延速度（米/分）。

三、特殊林火行为

（一）对流柱

对流柱是由森林燃烧时产生的热空气垂直向上运动形成的气流。典型的对流柱可分为可燃物载床带、燃烧带、湍流带（过渡带）、对流带、烟气沉降带、凝结对流带等部分。对流柱的形成主要取决于燃烧产生的能量和天气状

对流柱

对流柱

况。每米火线每分钟燃烧不到 1 千克可燃物时，对流柱高度仅为几百米；每米火线每分钟消耗几千克可燃物时，对流柱高达 1200 米；每米火线每分钟燃烧十几千克可燃物时，对流柱可发展到几千米高。根据研究，地面火线长 100 米，对流柱可达 1000 米。

对流柱的发展与天气条件密切相关。在不稳定的天气条件下，容易形成对流柱；在稳定天气条件下，山区容易形成逆温层，不容易形成对流柱。在热气团或低压控制的天气形势下形成上升气流，有利于对流柱的形成；在冷气团或高压控制的天气形势下为下沉气流，不利于形

成对流柱。对流柱的形成与大气温度梯度和风力的关系密切。地面气温与高空气温差越大越易形成对流柱。

(二) 飞火

飞火

飞火是高能量火的主要特征之一，也是森林火灾的重要蔓延方式。飞火主要是指燃着的可燃物受火焰羽流或对流烟柱影响，被抛至空中，在环境风的驱动下，飞越到未燃的可燃物区，从而引燃细小可燃物，产生新燃烧区的现象。

飞火

在一场森林火灾中，出现飞火是林火变化的征兆，从飞火颗粒的产生到引燃新的区域可燃物，是一个相当复杂的过程，其影响因素也很多，防范飞火的最有效办法就是在扑火过程中设置火场观察员。飞火的传播距离可以是几十米、几百米，也可以是几千米、几十千米。如果大量飞火落在火头的前方，就有发生火爆的危险，这对灭火人员是很危险的。根据研究，产生飞火的原因是地面强风作用，由火场的涡流或对流柱将燃烧物带到高空，由高空风传播到远方，产生飞火。

一般而言，强大的对流柱是形成飞火的必要条件。被对流气流卷扬起来的燃烧物在风力和重力作用下，会被抛出很远的距离。被卷扬起来的燃烧物能否成为飞火，取决于风速、燃烧物的重量、燃烧持续时间和可燃物的含水量。如鸟巢、蚁窝、腐朽木、松球果等重量较轻，而燃烧持续时间很长，是形成飞火的危险的可燃物。据研究，细小可燃物含水率为7%时容易产生飞火，而含水率为4%最易产生飞火。

（三）火旋风

火旋风又称火焰龙卷风，当空气的温度和热能满足某些条件时，火苗形成一个垂直的漩涡，旋风般直刺天空形成火焰龙卷风。旋转火焰多发生在灌木林火，火苗的高度 9~60 米不等，通常持续时间较短，在森林燃烧过程中，火

火旋风

火旋风

的热力令空气上升，周围的空气从四面八方涌入形成辐合，火焰龙卷风便会形成。产生火旋风的原因与对流柱活动和地面受热不均有关：当两个推进速度不同的火头相遇可能产生火旋风；火锋遇到湿冷森林和冰湖；大火遇到障碍物，或者大火越过山脊的背风面时都有可能形成火旋风。

在森林火灾中，要特别留心地形因素形成的火旋风、林火初始期的火旋风以及林火熄灭期的火旋风。火旋风加速了林火蔓延速度的同时，往往偏离原蔓延方向，易造成灭火人员伤亡。熄灭期的火旋风会造成余火复燃或形成新的火场。在大风的推动下，高速蔓延的林火也很容易形成火旋，灭火人员逃生时产生的负压，会吸引火旋跟随灭火队员跑动的方向旋转过来，发生火追人现象，造成伤亡。因此，在大风天气灭火时，要时刻注意火旋现象，一旦发生这种现象，灭火队员要尽快转移到安全地带。

（四）火爆

当火头前方出现大量飞火、火星雨时，集聚到一定程度，产生巨大的内吸力而发生爆炸式的联合燃烧，从而在火头前方形成新的火头，这种森林燃烧现象就称为火爆。火爆属森林火灾中强烈的火行为

火爆

火爆

之一，林火从可燃物较少的地方蔓延到有大量易燃可燃物的地方时会形成爆炸式燃烧，两个或多个火头相遇也会形成爆炸式燃烧，极易造成灭火人员伤亡。

（五）轰燃

轰燃

在地形起伏较大的山地条件下，由于沟谷两侧山高坡陡，当一侧森林火强度很大，形成剧烈燃烧时，所产生的热辐射很容易到达对面山坡。当对面山坡接受足够热量后，山坡就会突然产生全面燃烧就形成轰燃。轰燃产生后，整个沟谷会出现立体燃烧现象，如果灭火人员处在其中，极易造成伤亡。

轰燃

（六）高温热流

大量可燃物猛烈燃烧释放出巨大的热量加热地表空气，形成看不见的高温高速气流，温度可达300～800℃，局部可达800℃以上，速度达20～50千米/小时。高温热流所到之处，可点燃可燃物，形成爆炸式燃烧。

高温热流

高温热流

第五节　林火分布规律

本节数字资源

　　林火不是任何时间、地点都能发生，林火的发生与气候、植被、地理和人类活动等密切相关，具有一定的时空分布规律。

一、林火时间分布

（一）年变化

　　林火发生与气候密切相关。在特定的气候区域内，正常年份间气候变化差异很小，林火发生情况也基本相似。但是，因温室效应、厄尔尼诺现象、太阳黑子活动等对大气环流的影响，使得全球气候异常，林火的发生亦随这种异常改变，并呈现出一定的规律性。

林火的年变化

　　我国是森林火灾多发国家，从1950—2013年64年间，我国累计发生的80.2万起森林火灾统计数据看，近年来火灾次数虽然有所下降，但森林火灾年际变化有其自身的特点规律，有5～6年和10年的准周期性。随着全球气候变暖，极端天气频发，干旱高温大风天增多，全球森林火灾年的发生会越来越频繁。

（二）季节变化

林火的季节变化

一年中，由于不同地区的季节气候条件和植被特点，因而森林火灾的发生情况也不同，它会随着季节变化而变化。一年中具有发生森林火灾的气候和植被条件，应进行有组织地防灭火的时期称为防火期。不同气候区域防火期的长短也有差异，通常可持续几个月或更长时间，我国有的地方甚至全年都可能发生森林火灾。通常东北、内蒙古林区（含大兴安岭）春季防火期从3月中旬到6月中旬，紧要期为4~5月；秋季防火期从9月中旬到11月中旬，紧要期为10月；东北、大兴安岭林区，6~8月发生雷击火的频率很高，称为夏防。南方、华北和西北大部分地区防火期为11月中旬到翌年6月，紧要期为2~4月，称为冬春防。新疆、重庆林区防火期为4~10月，紧要期为7~9月，称为春夏防。

（三）日变化

林火的日变化

在一天中，不同时刻由于气温、相对湿度、风力风向等气象因子变化不同，林火发生情况亦不同。大致可划分如下几个时段：10:00~14:00，容易发生火灾时段；14:00~18:00，火灾高发时段；18:00~21:00、7:00~10:00，较易发生火灾时段；21:00~7:00，较少发生火灾时段。火灾的发生除与气象因子变化密切相关外，还与人的活动有关，容易发生火灾的时段也是人们活动频繁的时段。

二、林火地域分布

总体上看，由于我国幅员辽阔，不同地区的地形、气候等自然条件存在较大差异，会导致森林火灾的发生次数和过火面积存在较大的地域性差异。据统计，我国森林火灾次数最多的是云南、四川、黑龙江、内蒙古、福建、广东、广西、江西、湖南、湖北、山西、河北、山东等省份，火灾次数占全国的80%以上，森林火灾次数呈现南多北少之势；森林火灾蔓延面积最大的是黑龙江、内蒙古和大兴安岭林区，受害森林面积占全国的70%以上，森林火灾过火面积北方大于南方。

第三章
森林草原火灾扑救

本章
视频资源

第一节　灭火基本原理

本节
数字资源

森林草原燃烧必须具备可燃物、氧气、温度三个要素，当三者同时存在，相互作用时燃烧才可能会发生，破坏其中任何一个条件，燃烧就会减弱甚至熄灭。这就是常说的燃烧三角。森林草原灭火就是围绕破坏燃烧三角来进行的，依据这一灭火基本原理，通常可采取以下3种灭火基本方法。

燃烧三角

一、冷却法

森林可燃物燃烧需要一定的温度，当温度降到燃点以下时，火会熄灭。在灭火时，通常利用水泵、水枪、飞机吊桶、森林消防车向火线喷水，使正在燃烧的可燃物温度降至燃点以下，达到灭火目的。风力灭火机是用强风将火焰吹散，或通过强风改变火焰的燃烧方向。

冷却法

冷却法

二、隔离法

隔离法

将燃烧的可燃物与未燃烧可燃物分离，使可燃物分布间断，火场无物可燃，从而达到灭火目的。通常采取人工、机械、爆破等方法。如使用油锯伐开隔离带，用挖掘机、推土机开设生土带，用灭火索爆破开设隔离带等都是利用隔离可燃物原理灭火。

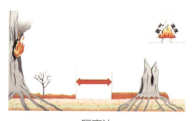

隔离法

三、窒息法

窒息法

正常情况下，空气中氧气含量占21%，当空气中氧气含量低于14%~18%时，燃烧就会缓慢直至终止。灭火中利用燃烧需要氧气的原理，采用不燃或者不易燃的物质覆盖在燃烧的可燃物表面，使可燃物缺氧导致熄灭。例如，用土覆盖或者用化学药剂产生泡沫覆盖可燃物，也可用化学灭火剂受热分解，产生不燃性气体使空气中氧气浓度下降，从而使火熄灭。

窒息法

本节
数字资源

第二节　灭火方式

扑灭森林草原火灾主要有两种方式，一种是直接灭火，也称之为积极灭火；另一种是间接灭火，通过构建防火隔离带阻隔火势蔓延，也称之为防御灭火。

一、直接灭火

直接灭火，就是使用灭火机具直接与火交锋，使火停止燃烧。这种灭火方式主要应用于人力能够靠近灭火的中低强度地表火，不适合猛烈燃烧的高强度地表火和树冠火。

直接灭火

直接灭火时可使用的灭火机具种类很多，包括手工具灭火、水灭火、机械灭火、化学灭火等。

二、间接灭火

间接灭火主要用于大风条件下猛烈燃烧的地表火、树冠火和难以控制的地下火，有效利用河流、道路和山脊等作为依托条件，通过开设防火隔离带、航空灭火、以火灭火等方法控制火灾蔓延。

间接灭火

开设防火隔离带时，通常在火前方一定距离，选择与主风方向垂直、植被较少的地方开设隔离带，并清除防火线上的一切可燃物质。防火线宽度一般不少于30米，有些甚至达到80～100米，长度应视火头蔓延的宽度而定，伐倒的植被倒向火场一边。

以火灭火时，一般选择在火头蔓延的前方，利用河流、道路作依托条件，在火头发展方向的对侧点火，引燃可燃物，并使用风力灭火机控制点烧火的燃烧方向，使两火相遇产生强烈燃烧，降低空气中氧气的含量，熄灭明火，控制火灾蔓延。

第三节　灭火技术和手段

本节
数字资源

常用灭火技术和手段主要包括手工具灭火、风力灭火、水灭火、化学灭火、阻隔灭火、以火灭火、航空灭火、人工增雨灭火等。这些灭火技术和手段，在灭火实践中发挥着协同配合、形成体系的重要作用。

常用灭火
技术

一、手工具灭火

手工具灭火原理

灭火原理　手工具灭火是扑灭地面火常用的方法，主要用于扑打地表明火使其缺氧窒息，或在火线上用手工具拖动形成地表隔离效果（二号工具），或用土覆盖明火使其窒息（锹、耙等），以及开挖隔离沟或翻出生土层阻隔灭火（锹、镐等）。

常用灭火手工具　目前，常用的灭火手工具主要包括二号工具、组合工具（背囊、砍刀、铁锹、手锯、灭火耙和活动手把等）、便用器材（锹、镐、耙等）。

适用条件　主要适用于扑救低强度地表火、地下火和清理火场。

二、风力灭火

风力灭火原理

灭火原理　风力灭火就是利用风力灭火机械产生的高速气流（＞20米/秒）冲击火焰，将火吹灭的一种灭火手段。灭火原理主要包括三个方面：一是高速气流稀释了可燃性气体的浓度，使可燃物不能有效燃烧。二是高速气流带走燃烧热量，使正在燃烧的可燃物剩余热能无法点燃未燃可燃物。三是高速气流将一些轻型可燃物吹离火线，相当于隔离可燃物，阻止火的蔓延。

常用的风力灭火装备

常用灭火装备　目前，常用的风力灭火装备主要包括手提式和背负式两种类型。

适用条件　主要用于扑打中低强度地表火，清理火场，不能用于扑救无焰燃烧的暗火、高强度地表火和树冠火。

三、以水灭火

灭火原理　水是最普通的灭火物质。以水灭火不仅效果好，而且可以防止复燃。灭火原理主要包括四个方面：一是冷却作用。水有很大的热容量，具有冷却作用，能够冷却可燃物，可从正在燃烧的可燃物中大量吸收热量，增加可燃物的湿度，增强阻燃能力。二是稀释作用。

水受热汽化后，能够稀释燃烧区空气中氧气的浓度，降低燃烧所需氧气的补充量，稀释可燃气体的浓度并使之降低到燃点以下，达到灭火或降低火势的作用。三是窒息作用。水会覆盖可燃物表面，隔绝氧气，但容易蒸发，效力是暂时性的。四是冲击作用。通过压力喷出的水柱，具有机械作用，能够冲击正在燃烧的枯枝落叶层，使其与泥土混合，起到直接灭火的作用。

以水灭火原理

常用灭火装备 目前，常用的以水灭火装备主要包括往复式灭火水枪、高压细水雾灭火机、背负式脉冲气压喷雾水枪、消防水泵、各种载水消防车、直升机吊桶等。

常用的以水灭火装备

适用条件 往复式灭火水枪主要用于低强度地表火。高压细水雾灭火机和背负式脉冲气压喷雾水枪可以扑救低、中强度地表火。消防水泵、各种载水消防车、直升机吊桶洒水适合扑救地表火、树冠火和地下火。同时，以水灭火也适用于清理和看守火场。

四、化学灭火

灭火原理 化学灭火是使用化学药剂阻止林火的发生、发展或终止燃烧。灭火原理有五个方面：一是覆盖作用。某些化学药物可以在可燃物表面形成覆盖层，阻止可燃物和空气接触，或阻止热分解产生的可燃气体向外扩散。二是稀释气体作用。某些化学药物受热后产生大量不可燃气体，能够稀释可燃物分解产生的可燃气体浓度，同时降低局部空间的空气中氧气含量。三是热吸收作用。某些化学药物受热分解时，会吸收大量热，使温度降低，可以减缓燃烧速度。温度降低至燃点以下时，燃烧会停止。四是抑制灭火作用。利用卤化物的游离基捕捉燃烧链式反应所必需的游离基，中断燃烧反应链。五是化学阻燃作用。利用某些化学药物使纤维物质脱水成碳，使之不能发生有焰燃烧。

化学灭火原理

常用灭火剂和装备 按药效分类有长效灭火剂和短效灭火剂。按剂型分类有液体灭火剂、悬浊液灭火剂、乳浊液灭火剂、泡沫灭火剂、

常用化学
灭火装备

气体灭火剂、干粉灭火剂和块状灭火剂。化学灭火剂的主要成分有主剂（起主要灭火或阻火作用的药剂）、助剂（也称增强剂，其作用是增强和提高主剂灭火效力）、湿润剂（降低水的表面张力，增加水的浸润和铺展能力，同时发生乳化和泡沫作用）、黏稠剂（增加灭火剂的黏度和黏着力，减少流失和飘散）、防腐剂（防止和减少灭火剂对金属的腐蚀和自身腐蚀）、着色剂（便于识别喷洒过灭火剂的药带，一般为灭火剂中加入某些染料或颜料）。使用化学灭火剂灭火主要包括飞机喷洒（一种是喷倒式喷洒，用于直接灭火；另一种是喷洒隔火带，阻止林火蔓延）、地面发射架发射、人力投掷等方法手段。

适用条件 适用扑救高强度地表火、树冠火，更适用于人烟稀少、交通不便的偏远林区发生的大规模、高强度森林火灾。

五、阻隔灭火

灭火原理 阻隔灭火是一种间接灭火的方法，指利用人工开设（生土带、防火带、道路、农田等）或自然形成（河流、湖泊、池塘、水库、沼泽、岩石区、河滩或难燃的森林等）的限制性进展地带，达到阻止林火发展、控制其蔓延范围或降低火势、创造有利灭火条件的目的。

常用灭火装备 目前，常用的阻隔灭火装备主要包括各类手工具、油锯、割灌机、推土机、开带机、挖掘机等。

适用条件 主要用于人力无法直接扑救的高强度地表火、树冠火和地下火。扑救高强度地表火和树冠火主要以地表限制性进展地带阻隔为主，如生土带、道路、河流、湖泊等。扑救地下火以开设地下限制性进展地带为主实施阻火，如阻火沟。在山地开设人工阻火带，一般选择在山脊或山脚位置，不能在峡谷中或山腰上开设。

六、以火灭火

灭火原理 以火灭火（火攻灭火）的原理主要是隔绝林火燃烧所

需要的氧气，导致氧气不足使火熄灭。灭火过程：在大火燃烧的区域，由于温度高，气流上升，形成一个低压区，而火场周围的气流会向低压区集中。因此，在火头前方适当距离点火，点烧火线会随着气流向火区燃烧或人工控制点烧火线向火区燃烧，当点烧的火线在火区前方烧出一个没有可燃物的隔离带后，火区火线和点烧火线相遇周围已经没有可燃物，氧气也因大火而耗尽，最终使火熄灭，从而起到阻隔和窒息两种效能。

以火灭火原理

灭火装备　目前，常用的以火灭火装备主要包括滴油式点火器、自调压手提式点火器、手提增压点火器、背负式多用点火器、喷注式点火器、多发引燃发射器等。

适用条件　一是难以直接扑救的高强度地表火或树冠火。二是林密且可燃物载量大，灭火人员无法实施直接灭火的地段。三是有可利用的自然依托（道路、河流等）。四是在缺少可利用依托时，可开设人工阻火带作为依托。五是在可燃物载量少的地段直接点烧，扑灭外线火。

七、航空灭火

灭火优势　一是机动性强，不受地形限制。飞机能够到达一般灭火力量无法到达的山区，及时展开灭火。二是航空灭火飞机运载能力相对较强，一次飞行携带的水和灭火剂数量较多，可以有效扑灭火头、降低火势。三是相对于直接扑打火线，航空灭火较为安全。

主要机型及灭火方式

主要机型。国产固定翼机型主要包括运-5、水陆两用鲲龙AG600，已试飞成功，即将投入使用；直升机主要有直-8，以及大中型无人机等。国外直升机型主要有米-26、米-171、K-32、贝尔、松鼠等。

灭火方式。一是直升机吊桶灭火，即利用直升机外挂特制吊桶载水或化学灭火药剂向火线喷洒实施灭火。二是机降灭火，即利用直升

航空灭火方式

机能够在野外起飞与降落的特点，将灭火人员、机具和装备及时输送至火场实施灭火。三是索降灭火，利用直升机空中悬停，使用索降器材把灭火人员或灭火装备从直升机输送到地面实施灭火。四是空中投掷灭火弹灭火，是指利用直升机或无人机向火头或高强度火线实施空中投掷灭火弹灭火。

适用条件　一是人烟稀少、交通不便、灭火人员难以迅速到达火场的偏远林区。二是树冠火的火头或火翼。三是大规模高强度地表火。

八、人工增雨灭火

就灭火手段分类而言，人工增雨属于以水灭火范畴，具有部门协同的联动性、实际操作的复杂性、气象条件的动态性等专业特点。

灭火原理　人工增雨灭火主要是向具备一定条件的云层撒播有利于雨滴形成的人工催化剂即冰核物质，使云中雨滴快速增加，造成更多水汽转化成雨水降落地面，实现灭火的目的。人工增雨分为2种：一种是暖云增雨，适用于我国南方；另一种是冷云增雨，适用于我国北方。

常用催化剂和装备　目前，我国实施人工增雨的催化剂主要包括干冰、碘化银、液态氮等。主要催化作业包括3种方式：一是地面布设碘化银燃烧炉蒸发催化作业；二是高炮和火箭炮地面发射增雨弹降雨作业；三是飞机空中喷洒催化剂降雨作业。

适用条件　人工增雨不仅是一种有效的灭火手段，也是一种较好的防火措施。在森林草原火灾发生前，对干旱高火险且具备增雨气象条件的林牧区预先进行人工增雨，就能降低可燃物的燃烧性，防止森林草原火灾发生。对已经发生的森林草原火灾，依托有利气象条件实施催化增雨，就能将火熄灭，或降低火势为地面扑救创造有利条件。

第四节　灭火战术原则

本节
数字资源

扑救森林草原火灾必须做到"打早、打小、打了"。

- 打早，首先要做到有火情早发现。应用卫星探测、飞机观察、视频监控、塔台瞭望等手段，全天候无死角感知火情。其次要做到火情早报告。发现火情后，必须利用畅通的通信网络及时将火情信息传递出去。第三要做到火灾早扑救。接到火情报告后，灭火队伍要利用快速交通工具，尽快到达火场，迅速展开扑救。

- 打小，首先要抓住森林草原火灾早期扑救的有利战机，将初发火消灭在萌芽阶段，以防小火酿成大灾。其次要以直接灭火为主，积极主动进攻，利用现有的一切灭火手段，甚至简易的灭火工具，快速有效将火场面积打小缩小，降低火灾损失。

- 打了，是森林草原火灾扑救的根本目的，只有打早、打小，才能保证打了，才能减少森林草原火灾造成的灾害损失。

灭火战术原则是灭火队伍扑救森林草原火灾的法则和准则，是灭火战术运用理论的重要内容，它集中反映了森林草原灭火行动的指导规律。

一、重兵扑救

重兵扑救是"集中优势力量打歼灭战"灭火战术原则的简称，是灭火行动中首要运用的原则。由于林火蔓延的各种可变因子影响林火的蔓延方向、速度和火强度。灭火实战中必须兼顾火头、火翼和火尾统筹扑打，因此在灭火力量使用上如何应用重兵扑救原则，要区分情况，突出主要方向。如在较大火场上，应将火头方向和重要目标做为重点。在兵力使用上，要根据任务合理编成，统一指挥，重兵合围，集中优势兵力，形成拳头力量，以最快的速度，一举将火扑灭，从而以主要方向、重点目标火灾扑救，带动和加快次要方向和一般目标火灾扑救，以取得灭火作战全面胜利。

> **集中优势力量打歼灭战时五大时机**
>
> - 在以分队为单位灭火时，一般应集中 1/3 或 1/2 的力量从火头的两翼接近火线进行灭火；
> - 在林火初发阶段，应集中优势力量，一鼓作气彻底扑灭林火；
> - 在灭火的关键地段和关键时刻，若火刚越过隔离带或阻火线且要形成新的火区时，应集中优势力量，聚而歼之，决不能让其形成新的火区；
> - 对于可一举歼灭的低强度火线，要集中优势力量全力扑灭；
> - 在火场面积大、火势猛、力量不足时，应集中优势力量控制火场的主要一线，暂时放弃次要火线，等待增援或在控制主要火线后，再进行力量调整，从而形成火场局部力量的绝对优势。

二、先控后灭

先控后灭是"先控制、后消灭"灭火战术原则的简称。先控制，是将灭火早期出动力量准确及时地部署在火场的主要方向，对火头、险段实施有效控制或阻滞其蔓延，为全部消灭火灾创造有利条件；先控制，还要控制其主要蔓延地段，否则就会延长灭火时间，增加经济损失和资源损失。后消灭，是在有效控制火势后，集中全部扑火力量对火场实施合围清灭，彻底扑灭火场明火暗火。

三、相机速决

相机速决是"捕捉战机、速战速决"灭火战术原则的简称，也是整个灭火战术原则中的核心部分。火场出现有利战机而不能牢牢抓住和充分利用，就不能取得良好的灭火效果。因为林火的强度和蔓延速度会随着时间和空间的变化而变化。因此，各级指挥员指挥灭火时，一定要抓住每一个有利的灭火战机，实施科学指挥，才能在最短的时间内扑灭森林火灾，实现速战速决的目的。

> **森林草原灭火 10 种有利灭火战机**
> - 火灾初发阶段风力小，火势不大时；
> - 火场风向有利于灭火时；
> - 遇道路、河沟阻拦，火线蔓延速度和火强度降低时；
> - 火从高处向低处蔓延时，火成下山火时；
> - 火到林缘或湿润地带或植被稀疏地域蔓延强度降低时；
> - 有小雨或雾，空气湿度增强及阴天或无风时；
> - 早晚和夜间，火势减弱时，其中高山峡谷地区的夜间火应视情况慎打或不打；
> - 火在山阴坡，林内成低强度火势蔓延时；
> - 初春火在零星积雪地带蔓延时；
> - 在有利于间接灭火的地形蔓延时。

森林草原灭火要重点把握的有利灭火战机

四、制首保点

制首保点是"抓住关键、保证重点"灭火战术原则的简称。抓住关键就是抓住和解决灭火中的主要矛盾，对火势发展起主导作用的蔓延速度快、强度高的火首先歼灭。火头是火灾蔓延的关键因素，过火面积主要是由火头蔓延速度的快慢和火场燃烧时间的长短所定的，迅速有效地控制火头是灭火的关键。因此，扑救森林草原火灾要牢固树立先控制和扑灭火头的思想。

保证重点就是以保护重要森林资源和重点目标安全为目的采取的灭火行动。要根据火场态势，确保重点方向、重要目标的绝对安全。按照首先保人员，其次保村屯、保资源的要求，区分主次，实施扑救，为了实现对重点区域和重点目标的有效保护，必须根据火场实际情况采取有效灭火技战术，对重点目标、重点区域加以保护。

五、四先两保

四先两保是"坚持四先、确保两保"灭火战术原则的简称。为了迅速有效控制火势蔓延，火场指挥员必须坚持"四先两保"的原则。"四先"是先打火头、先打草塘沟火、先打外线火、先打明火，其目的是迅速有效地控制火情蔓延态势，安全高效地扑救森林草原火灾。火头是火灾蔓延的主要方向，控制火头就控制了火灾蔓延；草塘是林火蔓延的快速通道，是林火发生和发展蔓延的主要部位；外线火是火场外侧燃烧蔓延的火线，扑灭外线火可以有效控制正在迅速扩大的火场面积。"两保"即保证合围、保证不复燃，实现各灭火队伍的会合和火线不复燃，其目的是彻底扑灭森林草原火灾。

六、攻防兼备

攻防兼备是"主动进攻、积极防御"灭火战术原则的简称。主动进攻是指在灭火行动中，应根据火场环境和火势变化情况，以直接扑打为主，积极主动展开进攻，不失时机地扑灭林火。积极防御是在扑救大面积林火、中幼林林火及火势过强人力无法直接扑打的大火时，应采取间接手段灭火，适时运用快速阻隔灭火、以火攻火的灭火战法进行灭火。

七、机断处置

机断处置是"因时因势、灵活处置"灭火战术原则的简称。它是指灭火行动中指挥员在不同时间段，或当火势发生急剧变化时，应根据火场态势和灭火行动计划，灵活果断地进行处置，积极主动地组织森林草原灭火行动。

灭火行动开始后，一线指挥员要根据火行为特征、天气变化、地形条件、可燃物类型分布等火场情况，灵活交替使用间接灭火和直接灭火及其他不同的灭火技战术。如原准备采取火攻灭火手段扑灭的某段火线，但由于风向或风力的变化，有利于采取直接灭火时，为了减少森林损失，应果断地改变灭火方法，并根据不同灭火方法实施时的具体要求随时调整人员部署。原准备采取直接扑打的火线，因发生某种变化有利于间接灭火时，亦应及时地改变灭火手段，灵活运用灭火战法。

第五节　灭火战法

灭火战法是组织森林草原火灾扑救行动中，为达成灭火目的而运用的具体方法。运用灭火战法应坚持以打、隔为主，以烧为辅的原则，灵活采取"围、打、隔、烧、清、守"相结合的灭火战法。

一、一点突破、两翼推进

一点突破、两翼推进，是指灭火队伍由一点突破火线，兵分两路，沿火线扑打，实施合围的一种灭火战法。主要特点是灭火力量集中，便于火场指挥控制。

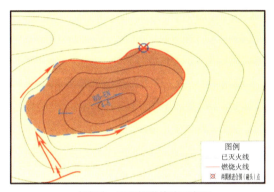

一点突破、两翼推进战法示意图

运用时机　一是火场面积小、蔓延速度低时；二是灭火人员少或装备条件差，不便采取两点或多点突破时；三是交通条件差，无法实施多点突破时。

把握要点　要根据上级意图、本级任务、火情、气象、地形、可燃物等情况，正确选择突破口，通常选择在符合上级意图、能够迅速到达低强度火线部位和便于迅速展开灭火的地段。突破火线时，应遵循选弱不选强、选疏不选密、选下不选上、选顺不选逆的原则。要根据火场态势配置兵力。加强火头方向和重要目标区域的力量，要加快两翼对进灭火速度，尽快实现合围之目的。

二、多点突破、分段扑打

多点突破、分段扑打，是指在大面积的火场，选择两个以上的突破口，多点投入兵力，将火线分割成若干段，对整个火场形成合击合围态势。主要特点是能够缩短各灭火队之间的灭火距离，减少体力消

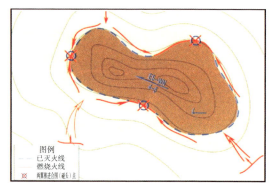

多点突破、分段扑灭战法示意图

耗，有利于灭火战斗力的发挥，也有利于对火场实施合围，但不利于现地组织指挥和协同灭火行动。

运用时机 一是火场面积大，投入兵力多，需对火场实施合围时；二是火场周边空地条件较好，有利于多点接近火场时。

把握要点 一是每一个突破点的人数依据情况而定，以便各点实施分兵合围；二是各突破点之间的距离不宜过大，应以5小时内灭火队伍之间能够会合为最佳距离。

三、穿插迂回、递进超越

穿插迂回、递进超越，是指在大火场的窄腰部或在窄长的火场，穿插火场以突破对面火线增加突破点数量，加快合围进度的灭火战法。主要特点是增加突破点，缩短灭火距离，有利于

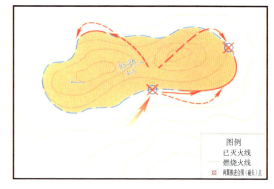

穿插迂回、递进超越战法示意图

尽早实现合围，控制火场范围增大。但穿插迂回受现地条件影响大，火场安全要求高，灭火队伍体力消耗大。

运用时机　一是火场面积大，投入兵力多，突破点少不利于展开灭火时；二是火场出现特殊形状有利于穿插火场时。

把握要点　穿插位置要准确，穿插行动要迅速，穿插过程要安全。

四、两翼对进、钳形夹击

两翼对进、钳形夹击，是指扑打火头时，灭火队伍在火头的两翼突破火线，夹击火头的一种战法。主要特点是两翼夹击灭火速度快、效果好，能够避开危险环境。但由于扑火强度较大，灭火队伍推进比较困难。

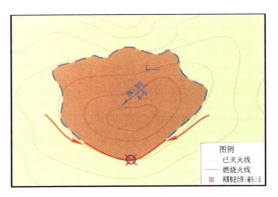

两翼对进、钳形夹击战法示意图

运用时机　在火头蔓延速度较快、一侧推进灭火效果不佳时，可在火头的两翼突破火线，并以主要力量向火头方向实施合击。

把握要点　突破火线时一定要从火头的两翼突破火线，接近火头实施扑打，不可迎火头接近火场，正面扑打火头。

五、打清结合、稳步推进

打清结合、稳步推进，是指灭火力量充足时，灭火组在前边扑打灭火，清理组跟进清理余火和看守火场，实施前打后清、打清结合、稳步推进、巩固战果的灭火方法。主要特点是扑灭的火线不易发生复燃火，推进速度缓慢。

运用时机　火场态势稳定，参战兵力及装备充足；专业队伍负责扑打明火，有半专业队伍、参战军队配合清理火场；灭火行动时间充足，扑打中强度以下的稳进地表火；在高火险天气条件下必须扑救森林火灾，清理火线困难时。

把握要点 在白天实施灭火时，要加强清理组的清理力量，组织多个清理组对火线实施跟进清理。清理组与灭

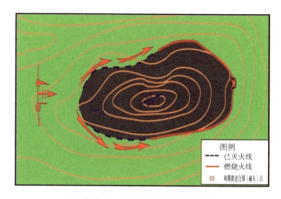

打清结合、稳步推进战法示意图

火组的距离，应根据森林火险等级而定，火险等级越高这一距离应越小。扑打组完成跟进会合任务后，应根据火线情况，采取不同的清理方法，包括一次性回头清理、二次性回头清理、多次性回头清理等。有大批群众队伍跟进清理看守火场时，灭火队伍在前扑打明火，清理队伍跟进，并按人头分段负责清理看守。

六、打隔结合、隔离阻火

打隔结合、隔离阻火，是指灭火队伍在火尾及火场的两翼实施灭火时，为防止火头失控，威胁重要目标及重点区域安全，预先在火头蔓延前方选择有利地形（加固、加宽）依托或开设隔离带实施防守型灭火的

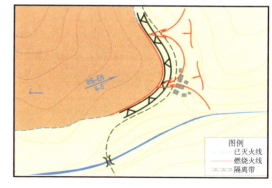

打隔结合、隔离阻火战法示意图

方法。主要特点是对火头的控制有较大的把握，但需要的灭火力量多，工作量大。

运用时机 火头的蔓延速度快，控制火头的能力有限，把握性小

时；火灾对重要目标和重点区域构成威胁时。

把握要点 一是开设隔离带的位置与火头的距离不宜过大，也不宜过小，应根据火头的蔓延速度而定，通常情况下火头的蔓延速度越快距离应越大，反之越小；二是一定要选择最佳位置，既要阻隔大火，又要节省人力，因为在高山复杂林区开设隔离带非常难，如有条件应选择自然依托；不要选择在火蔓延方向的上方山坡或山脊；三是当灭火队伍失去对火头控制能力时，应迅速在开设的隔离带内侧点放迎面火，烧除火头与隔离带之间的可燃物来增加隔离带的宽度，阻止火头的继续蔓延；四是预设隔离时可采用自然依托、手工具开设防火线、人工开设隔离带、推土机开设阻隔带、爆破设带等方法，并在内侧适当位置采取点烧方法达到阻隔林火的目的。

七、打烧结合、以火攻火

打烧结合、以火攻火，是指在扑救森林火中，为了对火场实施全线封控，采取直接灭火与择机火攻相结合，控制火场蔓延的战法。打烧结合在灭火实战中应坚持"能打则打，不能打则烧，以打为主，以烧为辅，打烧结合"的原则。

打烧结合、以火攻火战法示意图

主要特点是对高强度火线实施火攻灭火，可收到事半功倍的效果；有效地保护重要目标安全；减少灭火人员的体力消耗，降低灭火中的危险性；但人工点烧火场指挥难度大，指挥不当会出现乱点火甚至跑火现象。

运用时机 火强度大、蔓延速度快、灭火队员无法接近火场时；火场附近有可利用的依托时；火势威胁重点区域或重要目标，如居民

地、油库、自然保护区、军事设施等；拦截火头时。

把握要点　要充分利用各种自然依托，采取一线点烧、分层点烧。点烧与风力灭火机助吹等多种有效方法组织实施。没有自然依托时，应选择有利地形先开设隔离带实施点烧；点烧一定要把握好气象、地形及可燃物条件，选择最佳点火的时机、距离和方法；对能直接灭火的地段，要坚决采取直接灭火措施，不要滥用以火攻火战法。

八、地空配合、立体灭火

地空配合、立体灭火，是扑救重特大森林草原火灾的主要战法，目前国内外主要采取直升机吊桶洒水和飞机空中喷洒化学灭火剂等手段，压制火势，降低火强度，阻滞火势蔓延。地面灭火队伍利用空中

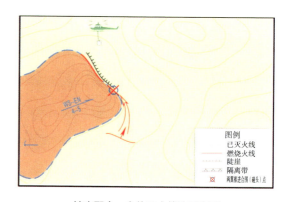

地空配合、立体灭火战法示意图

灭火压制火势的有利时机，集中各种灭火机具直接扑打明火，有效控制火势蔓延。不利因素是固定翼飞机化学灭火时受风向、风速的影响较大；在高海拔地区灭火时直升机载水有限；飞机灭火还容易受天气、水源、飞机数量、火场与取水点的距离等诸多不利因素影响。

运用时机　主要用于扑救大面积火场的火头、高强度火线以及灭火队伍无法抵达的地域及火场危险地段火。

把握要点　空中灭火时，一是直升机洒水作业目标要准确，要把握好洒水（灭火剂）高度，否则达不到空中灭火效果。二是直升机飞行员要与火场指挥员紧密配合，确保洒得准、洒得好。同时，地面专业队伍要抓住火势减弱有利时机，扑灭火灾。

第四章
灭火组织指挥

本章视频资源

灭火指挥是对灭火行动全过程进行的运筹决策、计划组织和协调控制的活动。目的是在最短时间内，采取科学的指挥手段和有效的灭火战法，实现"打早、打小、打了"，把损失降到最低限度，有效保护森林草原资源和人民群众生命财产安全。

第一节 灭火指挥机构及指挥关系

一、灭火指挥机构

森林草原防灭火指挥机构是县级以上人民政府常设的森林草原防灭火议事机构，发生森林草原火灾时可开设火场前线指挥部（或火灾现场指挥部）。

（一）森林草原防灭火指挥部

按照国家森林草原防灭火应急预案要求，国家和省、市、县级人民政府应当成立本级森林草原防灭火指挥部，主要负责组织、协调和指导本行政区域内的森林草原防灭火工作。

森林草原防灭火指挥部办公室设在本级应急管理部门，办公室主任由应急管理部门分管副职领导兼任，常务副主任由应急管理部门火灾防治处（科）负责人兼任，副主任由林业和草原局防火处（科）负责人兼任，承担指挥部的日常工作。

总指挥 森林草原防灭火指挥部总指挥由本级人民政府正职领导或常务副职领导担任。

常务副总指挥 常务副总指挥由分管林草部门的副职领导担任。

副总指挥 副总指挥由驻地解放军、武警部队副职领导、政府副秘书长、应急、林草、公安副职领导，以及驻区消防救援队伍正职领导担任。

成员单位 森林草原防灭火指挥部成员单位应包括发展改革、民政、财政、人社、宣传、生态环境、交通运输、农业、商务、文旅、卫健委、法院、检察院、外办、广电、粮食和储备、气象、通信管理、消防救援队伍（城市消防）以及驻地铁路、电力、民航、能源等单位。根据工作需要，也可增加有关部门和单位。

（二）火场前线指挥部

火场前线指挥部通常由当地政府领导及应急、林草、公安等成员单位、扑救力量的负责同志及若干工作组组成。当火场范围较大时，应根据实际设立分前线指挥部，由前线指挥部明确分前线指挥部的人员组成和工作任务。

总指挥 火场前线指挥部总指挥由属地行政首长担任，负责统筹火场的指挥协调和组织扑救工作，是火场前线指挥部的最高决策者。

副总指挥 火场前线指挥部根据需要设置若干副总指挥。其中要有精通灭火指挥、实战经验丰富的领导和行业专家、国家消防救援队伍（森林草原消防）指挥员担任专业副总指挥。主要职责是全面掌握火灾情况，分析火情发展态势，制定扑救方案，具体组织指挥火场扑救行动。

调度长 由森林草原防灭火指挥部办公室负责人或应急部门分管领导担任。主要负责前线指挥部的决策命令、指示要求传达和督促落实，做好工作协调，及时掌握和汇总火场综合情况。

新闻发言人 由当地主管新闻宣传的党政负责同志或部门负责同志担任。主要负责火场信息发布和宣传报道工作，组织有关媒体开展

采访报道，适时发布权威信息，回应社会关切，正确引导舆情。新闻发布的有关信息需经前线指挥部审核确认，未经批准，一律不予发布。

前线指挥部工作组　本着精干、专业、高效原则，前线指挥部下设若干工作组，负责灭火行动的筹划、组织、控制和保障工作。主要包括综合协调组、救援指挥组（也称抢险救援组）、医疗救治组、火灾监测组、通信保障组、交通保障组、军队工作组、专家支持组、灾情评估组、群众生活组、社会治安组、宣传报道组。在确保要素齐全、运行规范的基础上，可根据火灾扑救情况进行增减调整或合并运行。

二、指挥关系

（一）行政区划之间的指挥关系

火情早期处理按职责分工、由就近的乡镇和林草部门负责指挥。当响应升级或火灾得不到有效控制时，森林草原防灭火指挥部应及时实行统一指挥。

县级以上行政区域内同时发生 3 起以上森林草原火灾时，由上级森林草原防灭火指挥部指挥。

省级行政区划内的国有林业局、森林经营局、自然保护区管理局及国有林保护中心范围区内发生森林草原火灾，由森林经营单位在当地人民政府森林草原防灭火指挥部指导协调下负责组织扑救。

跨县、市界森林草原火灾，预判为较大火灾时，由所在区域县、市级森林草原防灭火指挥部分别指挥，上级森林草原防灭火指挥部负责协调和指导。

跨市、省界森林草原火灾，预判为重大、特别重大森林草原火灾，由所在区域市级森林草原防灭火指挥部或省级森林草原防灭火指挥部指挥，必要时由国家森林草原防灭火指挥部统一协调指挥。

（二）参战力量之间的指挥关系

配属关系　域外扑救力量跨区增援后，按照属地指挥原则，接受当地森林草原防灭火指挥部统一指挥，形成支援配属关系。

协同关系　不相隶属扑救力量在同一火场实施扑救，并共同接受上一级指挥时，形成协同配合关系。

支援关系　某一扑救力量根据灭火需要或在紧急情况下来不及请示，主动增援其他方向扑火行动时，为支援关系，事中事后应当向上级报告。

第二节　灭火指挥原则

灭火指挥原则是组织森林草原火灾扑救，必须遵循的法则和标准。准确把握灭火指挥原则，科学、果断、正确地实施组织指挥，是取得灭火胜利的关键。

一、统一指挥

高效组织指挥森林草原火灾扑救行动，必须坚持统一指挥的原则。要求所有参加火灾扑救的队伍和人员服从火场现地指挥部及其指挥员的指挥，在统一指挥下，各灭火队伍各负其责，密切协作，合力将火灾彻底扑灭。指挥员对灭火队伍实行统一组织指挥时，应统一进行任务部署，随时掌控各地段灭火队伍扑救火灾进程及安全；要根据火灾发展情况，不间断调整和优化力量部署，达到快速灭火的目的。

二、专业指挥

灭火指挥员应经过防灭火专业培训，具备态势研判、任务部署、战法运用、临机决断、处置险情等能力，同时还要具有丰富的灭火实战经验。火场一线指挥员组织火灾扑救，要做到熟知我情，速知火情，明知地形，预知气象，深知林情。在组织每一场灭火行动中都要确保每个地段、每个单独行动的灭火队伍，都要有灭火经验丰富、组织指挥能力强的指挥员实施专业指挥。

三、靠前指挥

森林草原火灾通常发生在偏远林区牧区，特别是发生重特大森林草原火灾时，灭火队伍部署分散，火场信息感知和协调控制难度大。因此，组织指挥灭火行动应始终坚持靠前指挥的原则，各级指挥员要准确掌握火情动态和灭火队伍扑救进程，确保指挥决策准确，实施科学高效正确指挥，实现灭火行动安全高效。火场现地指挥部通常选择在火场附近安全、开阔、便于通观火场全局、便于灭火队伍集结、便于协调保障的地域开设，实时掌握火场动态和灭火行动情况，使用多种通信手段确保指挥畅通。上一级指挥员根据灭火需要，也可随灭火队伍实施靠前指挥，全程控制协调灭火行动。

四、安全指挥

灭火指挥要始终坚持"人民至上、生命至上"的安全理念，把确保人民群众生命财产和灭火队员自身安全摆在非常重要的位置。要采取多种措施保护好居民地、基础设施、国防设施等重要目标的安全，在指挥灭火时，要保持高度警惕和清醒头脑，千方百计避开危险地形、危险可燃物和危险时段，在保证灭火安全的前提下稳扎稳打，坚决杜绝盲目蛮干、强攻冒进。在遭遇大火袭击时，指挥员要处变不惊，迅速组织灭火队伍采取安全有效的方法实施紧急避险，最大限度地减轻火灾造成的伤害。

第三节 灭火指挥程序

本节
数字资源

灭火指挥
程序

专业灭火队伍应制定灭火方案，明确灭火力量编成、装备配置及各种保障，遇有火情应立即启动应急预案，快速高效展开处置行动。灭火指挥通常按照接收火情通报、组织开进、实施扑救、清理余火、看守火场、撤离返回、总结战况等步骤进行。

一、接收火情通报

专业灭火队伍应设置值班室，由队领导带班，设专职值班员，防火期内严格落实 24 小时值班制度。接到上级火情通报后，立即向全队传达，并组织灭火队员携带装备给养做好出发准备；指挥员应根据通报内容，立即启动方案、选定开进路线、研究灭火行动部署、检查车辆装备，按上级命令随时准备出动。

二、组织开进

接到灭火命令后，专业队伍应立即乘车（乘机）向火场开进。指挥员依据开进路线、计算开进距离及时间，做好途中安全工作；到达火场指定位置后，指挥员应选择有利地形观察火场，重点了解火场地形、植被、风力、风向、水源、道路，以及火势发展蔓延方向等情况。绘制火场简图、向全体灭火队员通报情况、明确任务；灭火队员由集结位置进入火线时，指挥员应在队伍前面带领全队行进，并指定一名副职领导在队尾负责，保持前后联络畅通；进入火场时，指挥员要时刻关注周边环境变化，遇有大火突袭，立即组织紧急避险。

三、实施扑救

进入火线后，指挥员应再次明确任务，强调安全事项，各班组按任务区分展开扑救；指挥员实施全面指挥并重点关注火头发展方向、危险地段扑救，火势平稳地段由班组长组织扑救；明确各班组灭火地段和责任，防止任务重叠；灭火战法和手段运用，由火场指挥员决定，班组长在所担负的灭火地段灵活实施扑救；灭火时，根据火场情况，采取打清结合的方式组织扑救；专业灭火队担负打火头、攻险段任务，重点在一线实施扑救，半专业队、灭火群众主要担负清理余火，看守火场任务。

四、清理余火

明火扑灭或火场得到全面控制后，应全面清理余火。一般应按原任务地段组织清理，也可以视情重新划分清理任务；先清理外围火线，后清理火烧迹地内余火；指挥员要坚持全线巡查，防止余火清理不彻底；要彻底清理明火、暗火和烟点；火场达到"无明火、无烟点"要求。

五、看守火场

半专业队或灭火群众负责看守火场，并对火场周边及火烧迹地进行不间断巡查，防止死灰复燃；对零星小火点、烟点，尽快处置；发生大的复燃情况，应迅速报告。

六、撤离返回

灭火行动结束后，按上级命令组织验收火场，专业灭火队按程序移交火场，或按上级要求实施转场；撤离火场前，清点人员装备，防止走失丢失；返回后，向上级报告归队情况。

七、总结战况

认真总结灭火经验，查找不足，吸取教训，并书面上报灭火情况；组织人员休整，尽快恢复体力；检修保养装备，补充物资器材；向上级报告装备物资损耗情况，及时请领补充。

第四节 灭火指挥"十个严禁"

- 严禁不懂打火的人指挥打火，未经专业培训、缺乏实战经验的指挥员不得直接指挥扑火行动。

- 严禁地方部门领导或乡镇领导在现场指挥部成立后担任总指挥（不包括火情早期处理）。
- 严禁行政指挥代替专业指挥。
- 严禁多头指挥、各行其是、各自为战。
- 严禁现场指挥部和指挥员未经火场勘察、态势研判和安全风险评估直接部署力量、展开扑火行动。
- 严禁在火势迅猛的火头正前方和从山上向山下，以及梯形可燃物分布明显地域直接部署力量。
- 严禁指挥队伍从植被垂直分布、易燃性强、郁闭度大的地段接近火场。
- 严禁指挥队伍盲目进入陡坡、山脊线、草塘沟、单口山谷、山岩凸起地形、鞍部、山体滑坡和滚石较多地域等危险地形，以及易燃灌木丛、草甸、针叶幼树林、高山竹林等危险可燃物分布集中区域贸然直接扑火。
- 严禁在未预设安全区域和安全撤离路线情况下组织队伍扑火。
- 严禁组织队伍在草塘沟、悬崖陡坡下方、可能二次燃烧的火烧迹地、火场附近的密林等区域休整宿营。

第五章
灭火安全

本章视频资源

第一节　火场危险因素

本节数字资源

森林草原火灾发展蔓延受天气、地形、植被分布等因素影响，情况瞬息万变，险情随时发生，稍有不慎就可能造成人员伤亡。因此，熟知火场各种危险因素，分析火场险情发生的原因，采取规范的避险措施，对于灭火安全具有重要意义。

一、造成灭火人员伤亡的直接原因（火线危险因素）

（一）高温伤害

主要表现为热烤、烧伤和烧亡。高温吸入式烧伤是由于吸入高温气浪造成呼吸道神经麻痹窒息导致伤亡，是最为常见的火场高温伤害。热负荷过度也会导致灭火人员在火焰烧伤中失去战斗力和死亡。热负荷过度类似中暑，但发生的时间和过程要短得多，会导致患者快速休克、昏迷、死亡或永久性脑伤。

造成灭火人员伤亡的直接原因

（二）烟尘窒息

火灾蔓延时产生的烟尘常会使灭火人员迷失方向，辨别不清逃生路线，造成呼吸困难，呼吸高温浓烟能使人喉管充血、水肿，致人窒息死亡。浓烟将人呛倒也可导致人员被火烧伤、烧亡。

（三）一氧化碳中毒

主要症状是呼吸困难、头痛、胸闷、肌肉无力、心悸、皮肤青紫、神志不清、昏迷。一般中毒，往往需要较长时间才能恢复正常状态，严重的可导致死亡。一氧化碳是燃烧不完全的一种产物，其危害程度依停留时间和浓度而定。森林火灾中，每千克可燃物可产生 10～50 克的一氧化碳，暗火产生的一氧化碳比明火要多 10 倍。扑救森林火灾时，灭火人员如果长时间在高温和浓烟状态下工作，可能会引起一氧化碳中毒。

二、灭火安全风险的主要因素（自然危险因素）

火场危险地形、危险天气、危险可燃物等风险因素，会导致火场情况发生突变，形成危险火线及火行为。如果灭火人员对火场情况变化判断不及时，没有采取必要的安全措施，或在实施紧急避险时采取了错误的方法，必然会导致伤亡的发生。

（一）危险地形

陡坡

陡坡 陡坡是指斜面大于 26°以上的山地，这种地形会改变林火行为，火向山上燃烧时，蔓延速度随着坡度的增加而增加。同时，火头上空易形成对流柱，高温会使树冠和坡上可燃物加速预热，使火强度增大。

陡坡

山脊

山脊 狭窄山脊受热辐射和热对流的影响，温度极高。如果燃烧发生在山脊附近，林火行为瞬息万变，难以预测。

狭窄山脊

鞍部

鞍部 鞍部受昼夜气流变化的影响，风向不定，是火行为不稳定而又十分活跃的地段。当风向与鞍部平行时，将产生强度高、蔓延速度快的林火，是

鞍部

林火快速发展的地段。

狭窄山谷 当火烧入狭窄山谷时，会产生大量烟尘并在谷内沉积，随着时间的推移，林火对两侧陡坡上的植被进行预热，热量逐步积累，一旦风向、风速发生变化，火势突变会形成爆发火，如果灭火人员处于其中极难生还。

狭窄山谷

山谷

单口山谷 三面环山的单口山谷，俗称"葫芦峪"。单口山谷的作用如同排烟管道，为强烈的上升气流提供通道，很容易产生爆发火。

单口山谷

草塘沟 草塘沟为林火蔓延的快速通道，火在草塘沟燃烧时，火强度增大，蔓延速度快，同时火会向沟两侧的山坡燃烧形成冲火。

草塘沟

草塘沟

山岩凸起地形 山岩凸起地形，由于地形条件特殊，产生强烈的空气涡流，林火在涡流作用下，易产生多个方向不定的火头，极易使灭火人员被大火围困。

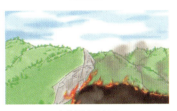
山岩凸起地形

山岩凸起地形

合并地形 岩石裂缝、鞍部、山岩凸起地形和陡坡并存，会使火焰由垂直发展改为水平发展，受热空气传播速度加快，导致火行为突变，易发生伤亡。

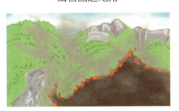
合并地形

（二）危险气象

高温 气温直接影响森林草原火灾的发生发展，气温升高使空气相对湿度变小，可燃物含水率下降；持续高温热浪可使森林草原火灾燃烧强度增大，蔓延速度加快，会造成灭火人员伤亡发生。同时，灭火人员长时间扑救火灾，体能消耗加快，会发生中暑。

高温干旱

干旱　持续干旱日数越长，可燃物变得越干燥，森林火险等级越高，发生森林草原大火的隐患增大，火灾扑救时间延长，灭火的危险性增大，容易造成人员伤亡。

大风、风向变化

大风、风向变化　大风使可燃物水分迅速蒸发更加干燥，并能迅速补充燃烧所需要的氧气，使燃烧更为猛烈，大风能加速热对流，明显增加火头前方热量，易产生飞火和火旋风。从发生人员伤亡的情况看，如果火场风力 4~5 级，阵风达到 8 级，就容易发生风向突变并形成空气乱流现象，从而导致火场蔓延态势发生变化，极易造成人员伤亡。

（三）危险可燃物

梯形分布可燃物

梯形分布可燃物　是指异龄级的林内不同层次间可燃物垂直连续分布。可燃物梯形分布不仅增强林火强度、影响蔓延方向和蔓延速度，同时决定林火燃烧种类。如地面燃烧的林火蔓延到树冠上产生树冠火，从而形成立体燃烧，针叶幼林中可燃物梯形分布极易产生立体燃烧。

大载量可燃物　大载量可燃物燃烧时会产生高强度火，林火蔓延速度快，火墙厚，人员遇袭不易脱险。当林火从可燃物载量少的区域蔓延到可燃物载量大的区域时，林火蔓延速度和强度就会突然增大，就会对灭火人员的安全造成很大威胁。

细小易燃可燃物

细小易燃可燃物　草本植物燃点低，蔓延速度快，释放能量迅速。特别是阳坡的一年生草类，火蔓延速度最快，因此扑打草地火造成人员的伤亡往往大于林地火。

易燃灌丛

易燃灌丛　易燃灌丛密度大、人员行走困难，火强度高，是发生人员伤亡的高发地带。

针叶幼林

针叶幼林　针叶幼林可燃物往往呈梯形分布，易形成树冠火，呈立体燃烧蔓延。特别是飞播针叶幼林郁闭度大，生长茂密，可燃物载量大，易发生高强度火及树冠火。

竹林　竹林地发生火灾时，因其特殊构造，容易发生爆裂伤人事故。

（四）危险火线及火行为

由于火场地形、气象、可燃物的不同，森林草原火灾的燃烧状态就会不同。高强度的上山火、火焰高度超过 2.5 米的火线、火焰高度超过 1 米的灌木丛火线等高危火，具有蔓延速度快、火势猛烈、火头难以扑救的特点，极易造成人员伤亡。

在危险地形、天气、可燃物等多种因素的耦合作用下，森林火灾蔓延会发生突变，产生高能量对流柱、飞火、火旋、火爆、轰燃、高温热流等危险火行为，极易造成人员伤亡。因此，灭火人员要及时掌握火场情况，研判火场态势，火场安全员要注意观察火线变化和危险火行为等情况，强化安全措施，确保灭火人员安全。

竹林

三、极易造成灭火人员伤亡的情况

在扑救森林草原火灾过程中，一旦出现错误判断火场形势，或者错误选择逃生方法，极易造成灭火人员伤亡。

（一）顺风逃生

在火前方顺风逃生会造成人员伤亡。因为火顺风蔓延速度最高可达 8 千米/小时，并能进行连续性燃烧，而人在林内奔跑的速度随着距离的加大，速度会越来越慢，远不如火顺风蔓延的速度快。因此，在火前方顺风逃生很容易造成人员伤亡。

（二）向山上逃生

在相同条件下，上山火的蔓延速度快于火在平地燃烧时的蔓延速度。火向山上燃烧时，坡度越大蔓延速度就越快，而坡度越大人上山的速度就越慢。因此，在火前方向山上逃生是极其危险的。

（三）经鞍部逃生

鞍部因受两侧山头和山体的影响，会形成"漏斗"状的通风口，风从鞍部通过时，速度会成倍增加。因此，当大火威胁人身安全时，从鞍部逃生极易发生伤亡。

（四）翻越山脊线、鞍部接近火场

火向山上燃烧时，由于上坡可燃物受热辐射和热对流的影响，会提前预热，燃点降低，会形成冲火，还可能产生飞火和火爆，导致火强度增高，蔓延速度加快。因此，翻越山脊线、鞍部接近火场易发生伤亡。

（五）迎风扑打火头及接近火场

迎风扑打火头，就是迎风接近火场灭火。火头是整个火场中火墙最厚、火强度最高、蔓延速度最快的部位。因此，迎风扑打火头及接近火场都是十分危险的。

（六）在草塘及灌丛中避险

草塘是林火蔓延的快速通道，草塘中的草本可燃物属于细小可燃物，释放能量快；灌丛生长茂密易燃烧，燃烧时火强度大。因此，在草塘及灌丛中避险会造成人员伤亡。

本节
数字资源

第二节　火场紧急避险方法

灭火行动中如遭遇险情，应根据当时的地形、气象和植被条件，迅速准确预判林火发展蔓延方向和趋势，按预案做好规避风险准备，采取正确的方法实施紧急避险，最大限度减少人员伤亡和装备损失。

一、避开危险火环境

避开危险
火环境

灭火行动中，要密切关注火场地形、植被、气象等因素变化，主动避开陡坡、悬崖、鞍部、狭窄山脊线、狭谷等危险地形、发生高强度地表火、树冠火和大风、强风天气，以

避开危险火环境示意图

及火场局部产生火爆、火旋风、飞火时，不应轻易接近火线、不宜直接灭火，应迅速转移到安全地带休整或重新调整任务部署，不能盲目蛮干。在密灌丛中和复杂地形条件下灭火时，不盲目接近或盲目扑打，应注意观察火场情况，主动避开一天当中 12～17 时的高温和大风时段。

二、预设安全区域避险

预设安全区域避险，是指为保护重点目标安全、扑打中强度以上地表火、在危险地形灭火或开设隔离带，以及在高温大风条件下灭火，强行阻截高强度火头时，应提前开设安全避险区域，从而在火势

预设安全区域避险示意图

预设安全区域避险

突变时，确保灭火人员安全的避险方法。开设安全区域通常选择在植被稀少、地势相对平坦、距火线较近且处于上风向的有利位置，坚持"宁大勿小"的原则。同时要彻底清除安全区域内可燃物，消除安全隐患，并派出观察哨密切关注火场动态。

三、进入火烧迹地避险

灭火行动展开后，坚持沿着火线扑打。当风向突变、火强度增大，难以直接扑打或遭逆风火袭击时，应立即进入火烧迹地，并迅速组织人员清理火烧迹地内剩余可燃物，进一步扩大安全区域，并派出

进入火烧迹地避险示意图

进入火烧迹地避险

安全员或观察哨密切关注火情变化。在密灌火烧迹地避险时，视情况开设安全区域或迅速实施转移，防止因多次燃烧造成人员伤亡。

四、快速转移避险

快速安全转移避险

灭火行动展开后，因风向突变、风力较大、灭火人员处在逆风迎火头状态，无法以人力控制火势，人身安全受到严重威胁时，应立即组织灭火队员快速转移至安全地带避险。撤离转移关键是要选择好路线，白天要防止因烟雾弥漫"误入险区"，夜间要防止因视线不良"坠崖摔伤"。

快速转移避险示意图

五、点迎面火避险

点迎面火避险

在接近火线、宿营、开设隔离带、转移时遭大火袭击或包围，来不及转移到安全地带，但附近有道路、河流、农田、植被稀少的林地等有利条件可作为依托，且有一定时间准备时，可迅速组织点烧

点迎面火避险示意图

迎面火实施避险。避险时，如果有防护装备加强防护，避险效果更佳。在点烧时，应注意点烧速度、点烧面积。点烧速度宜快，面积不宜过大。如果点烧速度过慢点烧的面积小，安全避险系数就低；点烧速度过快，容易失去控制，点烧面积过大，易造成"点火自围"。点烧时应有

风力灭火机助燃，控制点烧方向和加快速度。

六、点顺风火避险

如火场周围没有依托条件或虽有依托条件，但不具备点烧迎面火的时间或距离时，应迅速组织点烧顺风火，并顺势进入火烧迹地内，靠近新点烧的火头避险。点烧时，风力

点顺风火避险示意图

点顺风火避险

灭火机手跟进助燃，水枪手清理火烧迹地内较大的火星或倒木，灭火弹手集中灭火弹随时准备压制袭来的火头，确保在较短时间内烧出较大的避险区域，确保灭火队员在火烧迹地内安全避险。

七、利用有利地形避险

利用有利地形避险是当林火威胁人身安全，无法实施点火解围时，为保证生命安全，有效利用附近河流、湖泊、沼泽、耕地、沙石裸露地带、火前方下坡无植被或植被稀少地域等有利地形避险的一

利用有利地形避险示意图

利用有利地形避险

种方法。避险时应尽可能选择相对湿润、无植被或植被稀少的位置避险，避开细小可燃物密集地域，使用防护装具做好防护。

八、利用防护器材冲越火线避险

在遭遇特别紧急的险情时，没有有效避险工具，也没有时间和条

打开火线缺口避险

冲越火线避险

火线侧翼避险

件采取其他避险方法时，强行冲越火线进入火烧迹地避险，非极端特殊情况不采用。冲越火线时应选择火势较弱、地形相对平坦的部位，尽可能利用手中灭火工具降低火势，穿着防护服，戴好防护装具，

冲越火线避险示意图

以最快速度强行冲越，防止摔倒。进入火烧迹地后，要采取有效措施，防止余火烫伤和烟害。

第三节　火场险情处置

本节数字资源

山顶、山脊遇火袭击时

沟谷遇火袭击时

单口山谷遇火袭击时

草塘沟遇火袭击时

扑救森林草原火灾遇有火场险情时，应按照预有准备、不入险地、利用依托、安全科学的原则进行处置。

一、不同地形条件下的险情处置

山顶、山脊遇火袭击时　应立即向山的背风面或山后下坡方向转移，快速离开山顶、山脊；当火越过山顶形成下山火时，可突破火线避险。

沟谷遇火袭击时　要充分利用沟谷内的河流避险，或者选择易燃可燃物少的地段突破火线避险；无法转移时，视情况就地点火解围。

单口山谷遇火袭击时　要迅速点上山火后进入火烧迹地避险；在时间允许的条件下，向火头蔓延的侧翼山脊方向转移后下山，或者根据风向变化，向侧风方向撤离避险。

草塘沟遇火袭击时　应立即离开草塘，转移至安全区域避险，或者利用草塘中河流、水沟等避险；紧急情况下先避开火头，再从火翼进入火烧迹地避险；准确判断风向，点顺风火避险。

陡坡遇火袭击时 应沿火势较弱的一侧山腰转移，或者选择火势较弱地段，向山下进入火烧迹地；在紧急情况下，尽可能利用可燃物少的空地或者突出的岩石避火。

陡坡遇火袭击时

二、不同植被条件下的险情处置

针叶林内遇火袭击时 应向粗大树木分布较多的方向转移，或者向侧风方向转移；遇树冠火威胁时，尽量向阔叶林方向转移；无法向火头两侧转移时，向侧后选择便于迅速撤离的方向避险。

针叶林内遇火袭击时

阔叶林内遇火袭击时 应向树林方向转移，或者向火头两侧易燃可燃物少的地段转移；在无法转移的情况下，可突破火线避险；条件允许时，可点火解围，或者利用乔木密集地段暂避火锋。

阔叶林内遇火袭击时

灌木林内遇火袭击时 应向侧风方向转移，或者向植被稀疏的地段转移，也可选择人员便于通过的方向撤离。

灌木林内遇火袭击时

遇草原火袭击时 应向易燃物少的方向或者向侧风方向转移；来不及转移时，点火解围，或者选择火势较弱地段突破火线避险。

遇草原火袭击时

三、其他情形条件下的险情处置

车队开进中遇火袭击时 在道路较宽的条件下，车辆就地调头折返；道路较窄时，先倒车，后转移；时间不允许时，组织人员徒步原路撤离；情况特别紧急时，组织车辆快速冲越火线。

车队开进中遇火袭击时

接近火场遇火袭击时 在地形不熟悉时，应按原路快速撤离；火蔓延方向明确时，向火尾方向撤离；利用地形避险时，先避火锋，再转移。

接近火场遇火袭击时

机（索）降后遇火袭击时 应向易燃可燃物少的方向快速转移，或者快速判明火势蔓延方向，向火头侧翼或火尾方向转移；情况紧急时，选择火势较弱地段突破火线。

机（索）降后遇火袭击时

夜间遇火袭击时 周围有道路时，应沿道路快速撤离，或者向火光较弱方向转移；条件允许时，向山后背风处和下坡方向转移，也可向粗大可燃物多的地段转移。

夜间遇火袭击时

遇急进地表火袭击时

遇急进地表火袭击时 应向侧风方向或者向火头两侧转移，也可选择有利地形（背风处）先避火锋，再转移；还可以选择易燃物多的地段点火解围或者选择火势较弱的地段突破火线避险。

本节
数字资源

第四节　火场救护

火场伤员的及时救护和快速转运是提高救治成功率，降低伤死率和伤残率，维持和生成队伍战斗力的重要环节。

一、火场救护的内容

火场救护
的内容

火场救护包括自救、互救和转运后送。

（一）自救

自救，是指在一个危险环境中，没有他人帮助扶持下，靠自己的力量脱离险境的一种救护方式。

（二）互救

互救，是指通过他人对受伤部位进行现地紧急处置的一种救护方式。

（三）转运后送

转运后送，是指在现地实施前期处置的基础上，将重伤（病）人员或急需医疗机构救治的伤（病）人员由火场转运后送至火场临时医院或地方定点医院实施后续救治。

二、火场救护的基本步骤

救护人员应快速到达火场，迅速将伤员转移至安全区域，快速对伤员进行验伤，主要检查伤员意识、呼吸及有无出血、骨折等情况；快速对伤员受伤部位进行包扎处理；快速使用搬运工具，及时将伤员转运后送至后方医院救治所进行救治。

三、常用救护措施

（一）外伤出血处理

用手指压迫止血；急救时伤口盖上消毒纱布或棉花，用绷带加压包扎；如出血不止，可将伤肢抬高，减低血流速度协助止血；出血严重时，可用止血带止血，扎好后立即后送医院治疗，每间隔15分钟放止血带1分钟。

（二）骨折处理

转移至安全地带；发现伤口出血要立即止血；开放性骨折要先用纱布或棉花包扎患处，再用夹板固定（无夹板可用木棍、树枝、树皮、竹竿等代替）；包扎时，要在夹板内垫上衣服或布等软物，以防皮肤受损；动作要轻，受伤部位不要绑得太紧；经上述处理后，尽快后送医院治疗。

（三）烧伤处理

将伤者转移至安全地带，用干净或无菌布单保护创面，尽量减少外源性沾染；不要弄破皮肤和水泡；保持呼吸道通畅；尽可能迅速后送医院治疗。

（四）一氧化碳中毒处理

迅速将患者转移到空气新鲜地方；有条件者立即给予高浓度吸氧；有呼吸衰竭者立即进行人工呼吸和静脉注射呼吸兴奋剂。

（五）休克处理

将病人移至安全地带，置病人于仰卧位，头和腿轻度抬高，以利最大血流量流至脑组织。同时注意保暖；如有外伤性出血，应立即包扎止血；如有骨折要用木板绷带对骨折部位临时固定；有呼吸困难者，要维持呼吸道通畅，给予吸氧或进行人工呼吸；有条件者要迅速建立静脉通路，立即补液以恢复足够的组织灌注；有意识障碍者，用针刺人中或用手指压迫人中，使其清醒；初步稳定后送医院治疗。

（六）蛇虫咬伤处理

蝎蜇伤处理 立即拔出毒刺，局部冷敷或擦抹抗组胺乳剂，在被蜇上方扎止血带；可将局部切开，用力挤压或用拔火罐吸出毒液，然后用3%氨水或5%碳酸氢钠溶液冲洗伤口。

蜂蜇伤处理 拔除毒刺，伤口局部可用肥皂水、3%氨水或5%碳酸氢钠溶液外敷。若为黄蜂蜇伤，则用食醋洗敷；伤口四周可外敷南通蛇药或用蒲公英、紫花地丁等中药捣烂外敷；若有过敏者，应迅速给予抗组织胺类药及激素等。

蛇咬伤处理 迅速转移至安全地带，同时急救。尽量记住毒蛇特征，以便使用特效抗毒素；伤口通常表现为两个小的针刺状牙痕，伤者应避免活动，保持安静。可紧急处理伤口毒液（严禁用嘴直接吸取），间歇进行；如有药品立即服用（蛇药和镇静剂）；如果动脉被蛇咬伤出血不止时，要用止血带止血，每隔15分钟放止血带1分钟。急救后送医院治疗。

（七）搬运伤员

搬运前应尽可能做好伤员的初步处理，情况允许，一般应先止血、包扎、固定后搬运；应根据伤情、地形等情况，选用不同的搬运方法和运送工具，确保伤员安全；搬运动作要轻、快，避免不必要的震动；搬运过程中应随时注意伤情变化，及时处理；搬运脊椎受伤的伤员，有颈托时用颈托保护颈椎，无颈托时可用木板先固定头颈部，然后两人用手分别托住伤员的头、肩、臀和下肢，动作一致将伤员搬起平放于硬板或门板上后送，严禁抱头抱脚，以免躯干弯曲而加重损伤；骨盆骨折搬运时，应仰卧位，两髋关节半屈，膝下垫以衣卷或背包，两下肢略外展，以减轻疼痛。

第五节 迷山自救

迷山是指在某一地域或时间内，既不能到达目标点，又不能返回出发地，迷失行进方向。一旦迷山要保持冷静，应积极实施自救。

一、预防迷山

（一）熟悉区域情况

受领任务后，要熟悉任务区域内铁路、公路、运材道的情况。了解山脉和海拔高度，了解大沟塘、河流及各突出点距驻地距离和方位，了解林场、村屯、检查站、瞭望塔的地理位置，掌握安全避险和野外生存等基本常识。

（二）遵守行动纪律

保持成建制行动，按小组、分队、梯队和架次等形式编组，严禁单人行动。沿火线展开灭火行动，随时清点人员，防止人员掉队。

（三）随时做好标定

配备通信器材、指北针、卫星定位仪等器材的人员，要牢记周围山形、地势和主要地物、地貌。穿越密林时，在树上做出通过标记。完成任务后，按原路返回，如不能返回，要将情况及时向上级报告。

（四）做好必要准备

随身携带火种，以备点火报警、野外生存和火场自救。

二、判明方向

（一）时针辨向法

在有太阳的条件下，以24小时为准，将当时的时间除以2，得出的商数对准太阳，12所指的方向为北方。以14时为例，除以2后商数为7，将表盘上的7对准太阳，12所指的方向就是北方。上述方法可归纳为"时数折半对太阳，12所指是北方"。

时针判定方位

（二）看树辨向法

以孤树为基准，枝丫多、大、长，生长茂盛的一面是南。没有孤树时，可观察林间空地边缘的树木。

(三)年轮辨向法

主要看伐区林缘伐根的年轮，年轮宽的一面为南，密的一面为北。

(四)北极星辨向法

在晴朗的夜间，利用北极星辨向是最快、最简单的方法。北极星辨向法有两种：一是先找到大熊星座，从勺把向前数到第六颗星，然后目测第六颗星和第七颗星的距离，向前大约5倍远的天空有一颗和它们同等亮度的星，就是北极星，这个方向即为北方。二是先找到大熊星座对面的仙后星座，它是由5颗亮星组成的，这5颗星中的中间一颗星前方与大熊星座之间的星为北极星。

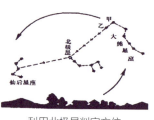

利用北极星判定方位

三、摆脱险境的方法

火烧迹地迷失方向时　始终朝一个方向行进至火线边缘，然后沿火线行进，直至遇到灭火队伍或返回出发地。

其他地域迷失方向　立即停止前进，计算已行进的时间和路程，选择高地观察周围山形、地势或火场的烟雾，然后分析、判断行进的路线，如能按原路返回，立即返回。如不能按原路返回，可就地露营，并注意防寒、防雨和防野兽袭击，必要时可搭设临时简易庇护所。

没有把握返回营地时　不乱闯、乱走，在开阔地带等待救援，夜间要在高地山顶点火报警，注意观察四周是否有火光，如果有火光应向火光方向行进；白天注意是否有飞机、无人机巡护或盘旋搜救。如有以上情况，迅速利用镜子、金属等物品反光的特性，照射机舱，也可点火（烟）报警，以引起飞行员注意；妥善保管火种，防止受潮、损坏及丢失。

陷入险境时　认真回忆来时方向，重点是横越过的铁路、公路和河流，方向判明后即可朝其行进。在人烟密集和交通发达的林区，按一个方向行进，就会遇到村屯、林场、作业点、公路和铁路等；遇有河流时，可沿河流行进。沿河而上，地势越来越高，河面越来越窄；顺流而下，地势越来越低，河面越来越宽。一般情况下，河流下游人烟较密集，是选择行进的方向。爬到树上或山脊，观察附近是否有高大人工物体，如高压线、各种建筑物等，发现后定好方位，朝目标点行进，边走边听，主要是听车辆鸣笛和发动机声音、风力灭火机声音以及搜寻队伍或其他人员在林内活动的声音，朝有声音的方向行进，听到有人呼唤或发信号时要立即做出反应，如不能回答，可点火或吹哨报警。

第六节 扑救安全工作"十个必须"

森林草原火灾扑救安全工作"十个必须"
- 必须牢固树立安全第一思想
- 必须建立健全安全工作规范
- 必须深入排查安全风险隐患
- 必须切实强化紧急避险训练
- 必须强化火场专业指挥
- 必须高度重视飞行安全
- 必须加快改善安全防护装具
- 必须抓实火场安全防范
- 必须深入研究安全扑救特点规律
- 必须严格落实安全责任

本章
视频资源

第六章
森林消防队伍训练

本节
数字资源

队列训练

第一节　共同科目训练

一、队列训练

（一）立正

立正是森林消防队员站立的基本姿势，是一切队列动作的基础。

动作要领　听到"立正"的口令，两脚跟靠拢并齐，两脚尖向外分开约60度；两腿挺直；小腹微收，自然挺胸；上体正直，微向前倾；两肩要平，稍向后张；两臂下垂自然伸直，手指并拢自然微曲，拇指尖贴于食指第二节，中指贴于裤缝；头要正，颈要直，口要闭，下颌微收，两眼向前平视。

徒手立正姿势

动作要点　两腿并拢挺直，两眼向前平视，挺胸、挺颈收下颌。

（二）跨立

跨立在适当场合可以与立正互换。

动作要领　听到"跨立"的口令，左脚向左跨出约一脚之长，两腿挺直，上体保持立正姿势，

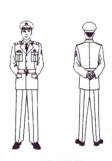

跨立姿势

身体重心落于两脚之间。两手后背，左手握右手腕，拇指根部与外腰带下沿（内腰带上沿）同高；右手手指并拢自然弯曲（同齐步手形），手心向后。

动作要点　左脚跨出、收回快；跨出一脚之长准确，两手后背的位置准确。

（三）稍息

稍息是队列动作中一种休息和调整姿势的动作，可与立正互换。

动作要领　听到"稍息"的口令，左脚顺脚尖方向伸出约全脚的三分之二，两腿自然伸直，上体保持立正姿势，身体重心大部分落于右脚。稍息过久，可自行换脚。

动作要点　出脚时不弯曲，脚跟稍离地，膝盖后挺，脚踝需用力。

（四）停止间转法

停止间转法是停止间变换方向的一种队列动作，分为向右转、向左转、向后转。需要时，也可以半面向右转或半面向左转。

1. 向右（左）转

向右（左）转是停止间向右（左）变换方向的队列动作。

动作要领　以右（左）脚跟为轴，右（左）脚跟和左（右）脚掌前部同时用力，使身体协调一致向右（左）转90°，体重落在右（左）脚，左（右）脚取捷径迅速靠拢右（左）脚，成立正姿势。转动和靠脚时，两腿挺直，上体保持立正姿势。

半面向右（左）转，按照向右（左）转的要领转45°。

动作要点　停止间转法的用力部位主要是以脚跟为轴、脚跟脚掌用力使身体转向新方向。

2. 向后转

向后转是停止间向后变换方向的队列动作。

动作要领　听到"向后——转"的口令后，按照向右转的要领向后转180°。

动作要点　转动时，重心随方向的变化逐渐转移至轴心脚。

（五）齐步

齐步是行进的常用步法。

动作要领 听到"齐步——走"的口令后，左脚向正前方迈出约75厘米，按照先脚跟后脚掌的顺序着地，同时身体重心前移，右脚照此法动作；上体正直，微向前倾；手指轻轻握拢，拇指贴于食指第二节；两臂前后自然摆动，向前摆臂时，肘部弯曲，小臂自然向里合，手心向内稍向下，拇指根部对正衣扣线，并高于常服最下方衣扣约5厘米（着作训服时，与外腰带扣中央同高），离身体约30厘米；向后摆臂时，手臂自然伸直，手腕前侧距裤缝线约30厘米。行进速度每分钟116～122步。

齐步行进时的动作

听到"立——定"的口令，左脚再向前大半步着地（脚尖向外约30°），两腿挺直，右脚取捷径迅速靠拢左脚成立正姿势。

动作要点 走直线、身体稳、摆臂自然；步幅、步速要准确；立定时靠脚准。

跑步时的动作

（六）跑步与立定

跑步主要用于快速行进。

动作要领 听到预令，两手迅速握拳（四指蜷握，拇指贴于食指第一关节和中指第二节），提到腰际，约与腰带同高，拳心向内，肘部稍向里合。听到动令，上体微向前倾，两腿微弯，同时左脚利用右脚掌的蹬力跃出约85厘米，前脚掌先着地，身体重心前移，右脚照此法动作；两臂前后自然摆动，向前摆臂时大臂略垂直，肘部贴于腰际，小臂略平，稍向里合，两拳内侧各距衣扣线约5厘米；向后摆臂时，拳贴于腰际。行进速度每分钟170～180步。

听到"立——定"的口令，再跑2步，然后左脚向前大半步（两拳收于腰际，停止摆动）着地，右脚取捷径靠拢左脚，同时将手放下，成立正姿势。

动作要点 身体重心向前移，蹬腿有力步幅准。

二、体能训练

（一）单杠1练习（引体向上）

体能训练

动作要领 两手正握杠，双手间距比肩稍宽，呈直臂悬垂姿势。做引体动作时，屈臂引体至下颌超过杠面；做臂悬垂动作时，两臂自然伸直，还原成直臂悬垂姿势。

训练方法

• 帮助练习。在完成动作过程中帮助者站于受训者后面，双手托受训者腰部或抓握两踝关节，向上助力帮助受训者完成动作。

• 抗阻练习。利用杠铃、哑铃、弹力带或受训者穿沙衣、背包或脚挂重物等形式进行抗阻练习。以利用杠铃练习为例，受训者两脚开立，双手反握杠铃（杠铃重量为15~20千克；也可用其他重物代替），与肩同宽，两臂自然伸直，杠铃静置大腿前侧开始，以肘关节为轴做两臂的屈臂动作，两肘需完全屈收，杠铃位于锁骨部位，再放松伸臂至大腿前。每组引体向上练习后，可立即进行此练习，能有效提高对上臂肱二头肌的刺激深度。

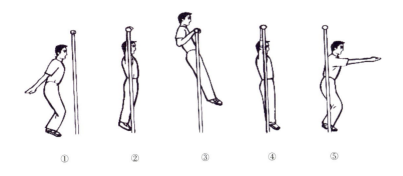

引体向上

•静力性练习。直臂悬垂练习：受训者在引体向上预备姿势基础上做静止悬垂动作练习。屈臂悬垂练习：受训者在手臂弯曲不同角度的情况下进行静止悬垂动作练习，也可增加负重的练习。

常见错误与纠正方法：仰头挺胸，造成上体后仰，上拉困难。纠正方法：拉杠引体时，含胸微屈髋，快速拉杠。

（二）双杠1练习（杠端臂屈伸）

动作要领 面向杠端站立，双杠宽度约大于肩宽10厘米，两手握于杠端，跳起成杠上直臂支撑动作。做屈臂动作时，双肘关节同时弯曲和稍外展，屈臂后肩关节低于肘关节；做伸臂动作时，保持身体挺直，双肘关节同时做伸直动作，撑起身体。

训练方法

•帮助练习。帮助者站于受训者身后，双手托受训者腰部或抓住两踝关节，向上助力帮助其完成动作。

•杠上支撑移动。受训者双手握于双杠杠面，两手交替向前移动，身体保持垂直姿势，也可用杠铃片负重，重量为15~20千克，或用其他重物代替。

•杠上手脚支撑练习。在正撑双杠的基础上，两脚分别踏在杠面上，呈屈腿仰撑姿势，做臂屈伸。

•负重臂屈伸。受训者穿沙衣或脚挂重物后进行练习。

杠端臂屈伸

• 静力性练习。直臂正撑练习：受训者在臂屈伸预备姿势的基础上进行静力支撑练习。屈臂撑练习：受训者在肘关节弯曲不同角度的情况下进行静力支撑练习，也可负重练习。

常见错误与纠正方法：向上撑杠时，挺腹，造成身体重心前移，支撑困难。纠正方法：向上撑杠时，含胸微屈髋，快速撑起。做臂屈伸时前后摆动借助外力完成。纠正方法：用一个标志物放在受训者脚后。

（三）俯卧撑

预备姿势 双手手掌着地，手指向前，两手间距比肩稍宽，两臂伸直，两脚并拢，身体挺直呈直线。

动作练习 做身体下降动作时，保持身体挺直，两肘关节弯曲和外展，使肩部低于肘关节水平面；做身体撑起动作时，保持身体挺直，两肘关节伸直，撑起身体，重复练习。

标准式俯卧撑

窄撑式俯卧撑

（四）仰卧举腿

预备姿势 身体仰卧于训练垫上，两腿自然伸直触及垫面。帮助者两腿自然开立于受训者头部两侧，两小臂前平举。受训者两手握住帮助者的踝关节。

动作练习 受训者两腿并拢上举与上体的夹角小于90°，脚尖触及帮助者的手，然后还原成仰卧姿势。重复练习30次。

仰卧举腿

（五）仰卧卷腹

预备姿势　身体仰卧平躺，两腿分开与肩同宽，膝关节弯曲约 90°，背部紧贴地面（垫子），双手向前伸直置于两腿上方。

动作练习　向上弯曲躯干，让身体呈卷腹状态，卷腹时手指前伸拇指尖超过双膝正上方，上体后仰动作时，头部及肩背部触及地面（垫子），还原成初始位置，重复练习。

（六）3000 米（5000 米）跑

3000 米（5000 米）跑的完整技术包括起跑、起跑后的加速跑、途中跑、终点跑，核心环节是呼吸。

（七）负重行进

负重行进是灭火作战的体能基础和完成任务的必要条件，专业队员负重应不少于 20 千克。目的是专业队员在携行灭火装备、生活必需品等重物的情况下，能按时到达火场，并保持足够体力完成灭火任务。

- 平地行进。专业队员负重行进在 45 分钟内徒步完成 5 千米。
- 爬山行进。专业队员负重行进坡度在 30°～40° 时，每小时应达到 2 千米。携行装具可以天气状况、火情等具体情况而定。
- 森林中行进。专业队员在负重的情况下，可一手拨挡树枝，一手护脸部，防止树枝擦破、戳伤头部和眼睛，并注意地上裸露的树根和枯草藤绊脚。
- 其他地形行进。如草地、松软地（沙地）、上下坡、雪地等情形，应根据火情和防灭火任务需求，在规定时间内到达火场，保证及时到位。

本节数字资源

第二节　灭火机具训练

在统一组织携灭火机具训练时，统一下达"取（背）——机具"口令和"置（放）——机具"口令。

第六章　森林消防队伍训练　77

组合工具

一、携组合工具动作

携组合工具
动作

组合工具由背囊、砍刀、铁锹、手锯、灭火耙和活动手把等组成，主要用于灭火和清理火场。

（一）取组合工具

口令　"取——机具"，"置——机具"。

动作要领　在立正的基础上，听到"取——机具"口令后，上体前俯，右手抓握上提手，直身的同时，成提组合工具立正姿势。

听到"置——机具"的口令，俯身将组合工具置于地上，起身成立正姿势。

（二）背负组合工具

口令　"背——机具"，"放——机具"。

动作要领　在立正的基础上，听到"背——机具"的口令，左脚向右脚前迈出一步，上体前俯，两臂交叉抓握背带，直身的同时，两手协力将组合工具由右侧背在背上，左脚靠拢右脚，成背组合工具立正姿势。

听到"放——机具"的口令，左脚向右脚前迈出一步，身体向右转，两手同时用力将背带撑起，左手挑背带，右手将背带撑起，两手协力将组合工具由背上经右侧取下，左脚靠拢右脚，成立正姿势。

（三）取二号工具

口令　"取——机具"，"置——机具"。

动作要领　听到"取——机具"的口令，左脚向右脚前迈出一大步，迅速前俯成左弓步，直身同时左脚靠拢右脚，成持二号工具立正姿势。

听到"置——机具"的口令，左脚向右脚前迈出一大步，迅速前俯成左弓步，直身同时左脚靠拢右脚成立正姿势。

二、携背负式风力灭火机动作

口令 "背机"，"机放下"。

动作要领 在立正的基础上，听到"背机"的口令，左脚向右脚前迈出一步，身体向右转体90°，上体前俯，两臂交叉（左手在上），掌心向上抓握背带上方三分之一处，右手掌心向上抓握背带和风筒上方三分之一处。直身的同时，两手协力将风机由右侧背在背上；左手移握风筒，右手迅速下滑移握握把，两手协力将风筒置胸前45°。左大臂紧贴左肋，风筒头略低于肩，右手位于右腹前，肘稍向外张；身体向左转90°，左脚靠拢右脚，成背机立正姿势。

听到"机放下"的口令，左脚向右脚前迈出一步，身体向右转体90°，两手协力将风筒推至胸前，右手迅速上滑移握左手下风筒处，两手同时用力将背带撑起，左手成八字掌，拇指由内挑背带，左臂自然伸开，右手将背带撑起，两手协力将风机由背上经右侧取下，俯身将风机轻置于地（风机底边与两脚尖平行，距两脚尖约10厘米），直身后，身体向左转体90°，左脚靠拢右脚，成立正姿势。

三、携灭火水枪动作（以箱式水枪为例）

携灭火水枪动作

口令 "取——机具"，"放——机具"。

动作要领 在立正的基础上，听到"取——机具"的口令，左脚向右脚前迈出一步，上体前俯，两臂交叉抓握背带，右手抓握背带和枪管上方，直身的同时，两手协力将箱由右侧背在背上，枪管置于胸前，左脚靠拢右脚，成背水枪立正姿势。

听到"放——机具"的口令，左脚向右脚前迈出一步，身体向右转，两手同时用力将背带撑起，左手挑背带，右手将背带撑起，两手协力将箱由背上经右侧取下，左脚靠拢右脚，成立正姿势。

四、携水泵动作

（一）水泵手

1. 提泵、泵放下

提泵是操水泵的基本动作，主要用于短距离携泵运动。

口令　"提——水泵"，"泵——放下"。

动作要领　当听到"提——水泵"的口令，上体迅速前俯，同时右手抓握上握把，直身的同时迅速将泵提起，右臂自然下垂，泵体位于身体右侧，启动器护盖面向前，支架左侧贴于右腿外侧，成携水泵立正姿势。

听到"泵——放下"口令，上体迅速前俯，右手将泵正直轻置于右脚外侧前，迅速直身，成立正姿势。

2. 背、置水泵

背、置放水泵是操水泵的基本动作，主要用于长距离携泵运动。

口令　"背——水泵"，"置——水泵"。

动作要领　当听到"背——水泵"的口令，左脚向右脚前迈出一步，俯身的同时，两臂交叉抓握背带，直身的同时，两手协力将水泵由右侧背在背上，左脚靠拢右脚的同时，成背水泵立正姿势。

听到"置——水泵"的口令，左脚向右脚前迈出一步，两手同时用力将水泵由背上经右取下，俯身置水泵于地面后，直身同时，左脚靠拢右脚成立正姿势。

（二）副泵手

取、置油箱动作主要用于箱泵分体的便携式水泵油箱操作。

动作要领　当听到"取——油箱"的口令。左脚向右脚前迈出一步，以两脚前脚掌为轴，身体向右转，上体迅速前俯，右手抓握油箱握把与油管接口器，直身的同时，将油箱提起垂直置于体前，右手用力将油箱向左旋转，左脚靠拢右脚的同时，成提油箱立正姿势。

听到"放（置）——油箱"的口令，左脚向右脚前迈出一步，以

携水泵动作

两脚前脚掌为轴，身体向右转，利用两手协力将油箱轻置于地，迅速直身，左脚靠拢右脚成立正姿势。

（三）管带手

背、放管具袋的方法与背、放背囊的方法基本相同。主要用于管具袋的取放。

动作要领　当听到"背——管具袋"的口令，左脚向右脚前迈出一步，以两脚前脚掌为轴，身体向右转，俯身的同时，两手协力使袋由右背在背上，左脚靠拢右脚的同时，两手放下，成背管具袋立正姿势（参照水泵口令）。

听到"置——管具袋"的口令，左脚向右脚前迈出一步，两手同时用力将背带撑起，利用两手协力将袋由背上经右取下，俯身置袋于地面，左脚靠拢右脚成立正姿势。

（四）携泵具队列动作

单人携泵具的队列动作分为立正、稍息、跨立、停止间转法、行进、停止。其口令同徒手队列动作时口令。

1. 立正、稍息、跨立

动作要领　携泵、油箱或背管具袋时，保持其姿势，要领同徒手动作。

2. 停止间转法

动作要领　当听到向右（左）转的口令时，右手将泵（油箱）微提起，肘部稍弯曲，转向新的方向后，靠脚的同时，右臂自然伸直，成携泵（油箱）立正姿势。背管具袋转动时同徒手动作。

3. 行进、停止

动作要领　背管具袋时保持其姿势，要领同徒手动作（提泵、油箱时，右手稍向上提，肘部微弯曲，大臂紧贴于肋）。

4. 基本队形

掌握携泵具的基本队形，有利于队伍展开作业。携泵具基本队形分为横队和纵队。

以泵组为单位列队时，横队和纵队按水泵手、副泵手（枪手）、水带手的顺序列队，间隔约 0.4 米，距离约 1 米。

以班为单位进行泵具操作训练时，列队顺序与泵组训练相同。

第三节　灭火技能训练

一、手工具操作与使用

（一）技术动作

1. 二号工具

口令　"二号工具扑打左（右）翼火线——就位"，"开始"，"停"。

动作要领　当听到"扑打左（右）翼火线——就位"的口令，灭火队员迅速跑至火线适当位置，左（右）脚向前迈步使身体与火线约成 45°斜角，同时将二号工具向前上方挥起；听到"开始"的口令，两手斜下用力将二号工具向火焰底部打压，并向火烧迹地内侧推搓，后脚向前进步，将二号工具向前上方抬起，前脚上步同时继续扑打，照此法动作反复进行。听到"停"的口令，成持二号工具立正姿势或返回队列。

2. 手锯

口令　参照二号工具。

动作要领　左手轻推小径乔木或灌木，以免夹锯、右手握紧锯把，使锯片保持水平反复推拉。使用手锯时，推拉幅度要大，锯面要平。

3. 砍刀

口令　参照二号工具。

动作要领　左手摁压砍伐物，右手挥刀向下斜砍其根部，砍伐时，挥刀距离要大，下砍速度要快，砍伐部位要准，根茬通常不超过 10 厘米。

（二）灭火运用

二号工具主要用于扑打低、中强度地表火和清理火线，与其他机

本节
数字资源

手工具操作
与使用

具协同效果更佳。应用动作主要是综合运用"打、压、推、搓"等技术，要领归纳为"一打、二搓、三抬"。

砍刀和手锯主要用于开辟道路、开设防火隔离带。一般对直径小于5厘米的灌木乔木实施作业。

耙头与活动手把组合使用，主要用于清理火场。

铁锹和镐头主要用于开设防火隔离沟，通过铁锹和镐头配合实施作业。

二、风力灭火机操作与使用

风力灭火机操作与使用

风力灭火机是森林草原灭火的必备主战装备，每名森林草原消防员必须熟练掌握其操作使用方法和技战术动作，才能在灭火行动中发挥装备最大效能，提高灭火效益。

森林草原消防队伍配备使用的风力灭火机主要有背负式风力灭火机和手提式风力灭火机，原理基本相同，风机重量、风速因型号不同参数有所不同，操作以背负式风力灭火机为例。

（一）操作要求

1. *启动*

打开操纵杆，按压燃油泵，使油泵泡内充满燃油，关闭风门旋钮（热启动时打开风门旋钮），左手紧握机具，右手拉动手柄调试启动绳位置，用力快速拉动启动器，直至发动机点火。

2. *运转*

将阻风阀打开，扣动手柄使限位轴复位，放松扳机，发动机怠速运转2~3分钟，再提高转速工作，油门手柄扣到底，此时发动机处于全负荷状态。

3. *调整*

怠速调整 怠速油针常规开度一般在一圈半左右。怠速较高，应增大怠速油针开度；怠速较低，应减小油针开度。调整怠速时，应适当调整限位螺钉。

高速调整 高速油针常规开度在半圈左右。发动机温度过高，风力弱，应逆时针增大高速油针开度；发动机声音较闷、排烟较浓，应顺时针减小油针开度。调整高速油针时，应适当调整限位螺钉。

4. 停机

放松油门手柄，使发动机怠速运转 2~3 分钟，将设置操纵杆移至归位，或者将阻风阀门关闭，即可停机。

（二）技术动作

主要有 6 种灭火技术：割、压、顶、挑、扫、散。训练时要结合任务实际，在野外山林地以近似实战的环境条件下开展训练，以提高消防员实战能力，条件不具备时，可在战术训练场点燃柴草或利用模拟火线开展训练。

1. 割

也称"下割"。即用强风切割火焰底部，使可燃物与火焰隔绝，并使部分明火熄灭，同时将未燃尽的小体积燃烧物吹进火烧迹地内熄灭。

口令 "吹割——火线"，"停"。

动作要领 将风筒下压连续沿火线横扫，切割火焰底线，按此动作反复进行。

2. 压

也称"上压"。即灭火机压迫火焰上部，使其降低并使火锋倒向火烧迹地内侧，为其他灭火机下割火线创造灭火条件。通常在扑打 1 米以下火焰时，双机或多机配合灭火时应用。

口令 "吹压——火焰"，"停"。

动作要领 将风筒水平抬起，连续向下或左右摆动，以最大的风力压制火焰，按此动作反复进行。

3. 顶

也称"中顶"。即灭火机顶吹火焰中上部，将火墙压低，并使火锋倒向火烧迹地内侧。通常在火焰高度超过 1.5 米需用多机配合灭火时应用。

口令 "吹顶——火焰","停"。

动作要领 将风筒持平,连续向上或左右摆动,以最大的风力吹顶火焰,风机高低视火焰高低而定。

4. 挑

也称"前挑"。即在死地被物或轻型可燃物较多地段灭火时,副机手用长钩或叉状长棍挑动死地被物,主机手由后至前呈下弧形推动,用强风将火焰和已活动的小体积燃烧物吹进火烧迹地内侧,达到最佳灭火和隔离效果。

口令 "吹挑——燃烧物","停"。

动作要领 将风筒按照由下至上的顺序连续吹挑燃烧物,按此动作反复进行。

5. 扫

用风力灭火机清理火场时,用强风如扫帚一样将未燃尽物质斜向扫进火烧迹地内部,防止复燃。

口令 "吹扫——火线","停"。

动作要领 身体前进步同时,将风筒按照由右后向左前或左后向右前的顺序斜扫,按此动作反复进行。

6. 散

用灭火机直接向其他灭火机手上身或头部吹风散热降温,以改变扑打环境,减少作业危险。通常在扑打高强度火,热辐射强烈多机配合灭火时应用。

口令 "吹散——热量","停"。

动作要领 将风筒端平,使风筒静止不动或按照上下、左右顺序,以适当风力对灭火队员胸部以上降温,按此动作反复进行。

(三)灭火运用

风力灭火机一般对火焰高度 1.5 米以下(火焰变化高度 2 米以下)的急进地表火和稳定地表火进行强风吹割扑打。对油脂含量高、低矮的针叶林使用风力灭火机灭火时,要避免助燃现象出现;阻断林火蔓延通道时，不能在草塘或草地内强行使用风力灭火机扑打和清理；实施点烧作业时，风力灭火机对已点烧的火线实施快速助燃和火线控制；清理余火时，用风力灭火机将火线外侧细小可燃物吹向火烧迹地内，从而达到彻底清理余火的目的。

1. 双机编组

火焰高度在 1 米以下的火线。

火场可燃物分布比较均匀。

技术要求　主机手位于火线外侧与火线成 15°角。第一台灭火机于火线外侧距火焰 1.5 米左右，用强风压迫火焰中上部，使火势减低并倒向火烧迹地内侧；第二台灭火机在第一台后 0.5 米处，距火焰 1 米左右，用强风切割火焰底部灭火，并将可燃物吹散到火烧迹地内侧。人装配置可归纳为"压、割"。

2. 三机编组

火焰高度在 1.5 米以下的火线。

火场可燃物水平分布不均匀。

技术要求　三机编组灭火焰 1.5 米左右的火线时，要采用两上一下配合灭火。第一台于火线外侧 2 米处，用强风直压火焰上部，压低火势，并强行改变火焰运动方向，使其倒向火烧迹地内侧；第二台在第一台后 0.5 米，距火线 1.5 米左右，用强风顶吹火焰中上部；第三台在第二台后 0.5 米，距火线 1 米左右，继续用强风下割火焰底部，直吹燃烧物质，达到熄灭明火的目的。人装配置可归纳为"压、顶割"。

当火焰高度降低到 1 米左右高度时，要改用两机灭明火、一机清理余火的配置。第一、二两机用双边编组使用方法在前灭明火，第三机在第二机后 2 米左右沿火线消灭余火和清理火场。

3. 四机编组

火焰高度在 2 米左右的火线。

火场可燃物分布不均匀并有垂直分布的地段。

实施迎风点烧隔离带时。

技术要求　从第一机到第四机在火烧外侧呈斜线排列，前后间距为 0.5 米，距火线距离依次为 2.5 米、2 米、1.5 米、1 米，并与火线大约呈 15°角。

第一台灭火机用强风上压火线上部，第二台随即顶吹火焰中、上部，两机配合迫使火焰高度降低，并使火锋倒向火烧迹地内侧。

第三、四台灭火机下割火焰底部，直扫燃烧物质，达到灭火的目的。同时，第三、四台灭火机兼顾散热职责。人装配置可归纳为"压、顶割、割"。

当火焰变化高度降为 1.5 米以内时可抽一台清理余火，其余按三机编组使用技术要求灭火。

4. 五机以上编组

五机以上编组适用于开阔地形灭火，具体方法参照四机编组进行配置。

（四）日常维护保养

擦净风力灭火机外表面的泥土、油污等污垢。

拆下空气滤清器滤网、化油器和火花塞，清除污物，用汽油洗净后重新安装。

检查燃油箱、消声器以及灭火风机叶轮与驱动轴的紧固螺栓等各紧固件，看有无松动、丢失，并及时拧紧和补充。

检查点火系统各接头连接情况，及时紧固、维修松动或断线部位。

水枪操作与使用

三、水枪操作与使用

水枪是以水灭火的常用装备，受灭火环境、火灾种类等条件限制较小，广泛应用于扑救森林草原火灾。水枪的操作使用比较简单，森林草原消防员应重点学习掌握其使用中的注意事项和维护保养的方法。

（一）技术动作

水枪主要用于压制火头，降低火强度，直接扑灭火点、清理余火（暗火）。

口令 "水枪手扑打火线——就位","开始","停"。

动作要领 听到"水枪手扑打火线——就位"的口令,水枪手迅速跑至火线适当位置,将枪口对准火点,右手抓握水枪握把置于腰际,两手合力将水枪拉开;听到"开始"的口令,两手连续快速反复用力,使水成线状(或雾状)射向火点,照此法动作反复进行。

听到"停"的口令,右脚靠拢左脚,成背水枪立正姿势或返回队伍。

(二)灭火运用

直接灭火 水枪射出的水直接作用在可燃物表面,吸收大量的热,且产生的水蒸气阻绝空气,窒息明火。对于次生林、低强度地表火、初发火等可实施直接灭火,且扑灭后不易复燃。扑救地下火,沿火线向火烧迹地内 3~5 米进行喷水,也可以向地下火火点、热源单点喷水,使之熄灭。

配合灭火 配合风力灭火机扑救中低强度地表火,单枪或多枪与风力灭火机配合打开突破口,降低火强度。同时,还可为风力灭火机手降温。

清理余火 利用水枪对余火清理效果较好,可增加可燃物的湿度,使余火不易复燃。清理枯立木、倒木、大树根部的余火时,可与其他手工具配合,起到彻底清理的效果。

火场应急 在遇有紧急避险时,单独使用水枪或配合风力灭火机拦截火头,清理避险场地,给避险人员身上喷水,达到降温的目的。

四、消防水泵操作与使用

消防水泵灭火就是利用火场及其附近水源,通过架设水泵、铺设水带、安装枪头喷射水流灭火。灭火原理是以水泵的机械力量产生压力将水输送并喷射到燃烧物上,利用水蒸发时吸收热量、隔离氧气的特性达到直接或间接灭火的目的。

消防水泵
操作与使用

（一）操作要求

1. 启动

通常水泵不能在无水的状态下工作，否则会损坏发动机。启动水泵前，应对水泵进行全面检查。检查工作完成后，反复挤压气囊，将油箱中混合油输送到泵体的供油位置。打开发动机开关，调整阻气门开关位置，打开油门至适当位置，启动发动机。发动机启动分为冷机启动、暖机启动和热机启动。

冷机启动 旋转阻气门手柄到启动位置，手拉启动器直到发动机运转，发动机变暖后打开阻气门。

暖机启动 不要关闭阻气门，将阻气门节流阀设定为一半流量，手拉启动器直到发动机运转，在发动机启动之后立刻减少节流量并且使发动机变暖。

热机启动 不要关闭阻气门，手拉启动器直到发动机运转。

2. 作业

水泵在工作状态时必须经常检查底阀，确保其不被堵塞。在运行过程中，不要将底阀从水中拿出，否则会造成发动机空转，损坏泵体。发动机油门要保持适当位置，在油门全开状态下长时间工作会大大缩短其使用寿命。

3. 停机

停机时，把油门调节到怠速位置（向下），待机0.5~1分钟，把停机开关移至OFF/关的位置，拆去吸水管和排水管后，抬起泵并且朝两个方向倾斜倒出泵里的水，用干布擦拭水泵接头后，拧上接头保护盖。

（二）水泵架设与撤收

1. 水泵架设

水泵架设分单泵、串联、并联和并串联架设，根据实战需要灵活采取不同架设方式。

- 单泵架设

单泵架设是水泵架设的基础，主要适用于面积较小、发展较慢，火灾类型以稳进地表火为主的火场。根据地形、水源和火场态势，选择距离水源较近、主要火头或主要发展方向的火线为突破口，采取单机、单水带（或多水带）的架设方式，利用水带迅速将水输

单泵架设示意图

送至火线，也可直接"Y"形分水器。然后，在分水器的两个出水口接水带和水枪沿火线实施灭火。单泵架设训练可按照3~5人编组。其中，水泵手1人，主要负责水泵的操作；副泵手1人，主要负责油料供给和水枪操作；水带手1~3人，主要负责水带的铺设、检查与维护。

口令　"单泵架设就位——开始作业"。

动作要领　当听到"单泵架设就位"的口令，3号水带手、水泵手、副泵手（水枪手）、2号水带手、1号水带手迅速进入预定操作位置。

听到"开始作业"的口令，水泵手左脚顺势向前一步的同时，左手使左背带从肩上滑落，右手挑握右背带使水泵置于适当位置，进水口指向身体正前方（水源处），而后从3号水带手的背囊中取出水带，置于右脚下，顺势蹲下。副泵手（水枪手）俯身将油箱置于水泵的左后侧适当位置，取下吸水管，置于水泵进水口前侧。而后，至水源处，清理、调整吸水位置，检查底阀工作状态后将底阀固定于水中适当位置。与此同时，水泵手将吸水管底阀端抛向水源处并按照启动规程做好准备，水带手按照3号水带手、2号水带手、1号水带手的顺序向火场铺设水带。副泵手（水枪手）固定好吸水管底阀后，自行在1号水带手后跟进。

当水带全部铺设完毕，水枪手接好水枪头后，组长向班长报告"×组水泵架设完毕"，班长下达"启动"的口令，组长命令水泵手"启动"，水泵手迅速启动水泵，开始供水。

- 串联架设

串联连接方法就是将两台或两台以上水泵一字形直线连接。此种

方法通常适用于坡度在30°以下的地形。多用于大面积火场，输水距离远和水压不足时，可根据需要在铺设的水带路线合适的位置上架设水泵，来增加水的压力，

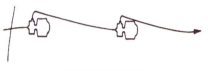

串联泵架设示意图

延长输水距离。通常情况下，可同时架设多台水泵进行接力输水。当水源条件受限时，可以利用轮式森林消防车运水与水泵输水相结合的办法组织实施。

口令 "串联泵架设就位——开始作业"。

动作要领 当听到"串联泵架设就位——开始作业"的口令，各泵组根据水源及架设路线迅速进入指定位置。第一泵组水泵手左脚顺势向前的同时，左手使左背带从肩上滑落，右手挑握右背带使水泵从右侧滑落至右腹前，左手接握握把，右手移握护杆，两手协力将水泵置于适当位置，进水口指向身体正前方（水源处），而后从水带手的背囊中取出水带，置于右脚下，顺势蹲下。副泵手（水枪手）首先俯身将油箱置于水泵的左后侧适当位置。取下吸水管，置于水泵进水口前侧。然后，进至水源处，清理、调整吸水位置，检查底阀工作状态后将底阀固定于水中适当位置。与此同时，水泵手将吸水管底阀抛向水源处并按照启动规程做好准备，水带手按照顺序向火场铺设水带。在第一泵组完成上述动作的同时，其他各泵组人员，分别在预定位置完成本级水泵的架设工作。按照架设完成先后的顺序向指挥员报告"×组水泵架设完毕"。

听到"启动"的口令，第一泵组水泵手启动水泵，当水从第二泵的出水口完全流出后，水泵手迅速启动水泵，而后三、四组水泵手依次启动水泵。

• 并联架设

并联连接方法就是将两台水泵同时在水源处同时作业，通过集水器将两台水泵的输水带连接在一起，把水输入到主输水带，增加输水

量。此种方法通常适用于坡度在45°以下的地形。主要用于输水量不足、需要更强水压或远距离喷射时使用。

并联泵架设示意图

口令 "并联泵架设就位——开始作业"。

动作要领 当听到"并联泵架设就位——开始作业"的口令，2个水泵组根据水源及架设路线迅速进入指定位置同时架设。动作要领与单泵架设相同。到达汇合处，由指定组的水带手连接"Y"形集水器后，继续铺设水带。铺设完毕后，由指定组的水枪手接好水枪，一、二组组长依次向班长报告"×组水泵架设完毕"。

听到"启动"的口令，两组水泵手应同时启动水泵。如两组铺设水带的路线、高差、长度不一致，即两台水泵的水流不能同时到达"Y"形集水器，应使用带有开关的"Y"形集水器（三通），根据水流通过的顺序依次打开集水器（三通）开关，避免水回流。

- 并串联架设

在并联方法无法满足长距离供水灭火需要时，在适当位置再架设一台或多台水泵形成并串联。此种方法通常适用于坡度在45°以上的地形。主要在输水距离远、水压与水量同时不足时使用。

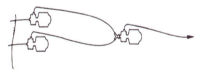

并串联泵架设示意图

口令 "并串联架设就位——开始作业"。

动作要领 当听到"并串联架设就位——开始作业"的口令，各水泵组根据水源及架设路线迅速进入指定位置同时架设。并联部分泵组的动作要领与并联泵架设相同，串联部分泵组的动作要领与串联泵架设相同。架设完毕后，各泵组长依次向班长（排长）报告"×组水泵架设完毕"。

听到"启动"的口令，各泵组的启动顺序，应分别根据相对应的并联泵架设和串联泵架设的先后顺序进行。

2. 水泵撤收

水泵撤收是在训练或灭火战斗任务完成后，对水泵及其配套专用工具撤收的过程。

口令 "停止作业——撤收"。

动作要领 当听到"停止作业"的口令，水泵手迅速降低油门待机0.5~1分钟后，按照输水的相反方向依次关闭水泵，同时其余人员面向班长呈立正姿势。

听到"撤收"的口令，水泵手迅速将出水口的水带卸下，在山地作业时应先打开单向阀的排水口，将水带内的水全部排空，而后按架设的相反程序进行撤收。

（三）水带铺设与撤收

1. 水带铺设

水带铺设是水泵架设后将水带连接到火场指定位置，是供水或灭火的重要步骤。可分为无水铺设、有水铺设两种情况。

- 无水铺设

口令 "水带铺设——开始"。

动作要领 当听到"水带铺设——开始"的口令，2号水带手从3号水带手的背囊中将水带一端抽出（或者由水泵手取出），置于水泵手右脚下，而后按照3号水带手、2号水带手、1号水带手、水泵副手（水枪手）的顺序开始向火场铺设，在铺设过程中2号水带手负责将3号水带手背囊内的水带拉出，铺设于地面，并接好水带。3号水带手的水带铺设完毕后，2、3号水带手交换，继续向前铺设，最终将各水带手携带的水带全部铺设完毕。

当铺设完毕后，所有人员成立正姿势，以水泵组为单位向班长（排长）报告"水带铺设完毕"。

- 有水铺设

口令 "水带铺设——开始"。

动作要领 当听到"水带铺设——开始"的口令，组长指挥水枪手向预铺设水带的火线外侧喷水。喷水完毕，水枪手向1号水带手发出"断水"的信号，而后向组长（3号水带手）发出"供水带"的信号。此时，在1号水带手距离水枪手3~4米处，在其用止水钳断水后，2号水带手从组长（3号水带手）的背囊中抽出水带有接头的一端交给水枪手。水枪手可以采取两种姿势控制水带：一种是用左臂肘关节挎着水带的接口端；一种是将水带的接口端踩在左（右）脚下。而后协助组长向前铺设水带至水带对折处。水枪手按照卸枪头、接水带、接枪头的程序完成后，单独提、拉水带至火线外侧的扑打位置，向1号水带手发出"供水"的信号，1号水带手打开止水钳后，水枪手开始沿火线扑打。同时，1号水带手迅速跟进至水枪手后3~4米处负责协助水枪手灭火，并整理水带，2号水带手始终位于水带的对折处并面向前进方向整理、拖拽水带，组长（3号水带手）负责背水带和观察火情、风向和地形。当第一根水带使用完毕后，组长（3号水带手）向水枪手指示预铺设水带的方向，而后按上述动作要领反复进行。

2. 水带撤收

水带撤收主要是在训练和灭火作战任务结束后，将水带整理成便于携带的状态。

口令 "水带撤收——开始"。

动作要领 当听到"水带撤收——开始"的口令，水带手按照规定的水带叠放方法撤收水带。作业完成后，成立正姿势向指挥员报告"撤收完毕"。

3. 水带叠放

水带的叠放通常有球形、圆形和"Z"字形3种叠法。

• 球形叠放

口令 "球形叠放——准备，开始"。

动作要领 当听到"球形叠放——准备"的口令，水带手迅速蹲下（俯身）将准备叠放的水带拉直平铺于地面，两手协力将水带内的水或空气排空。

听到"开始"的口令，水带手迅速将水带口一端对折数次形成支柱，将水带在支柱上反复缠绕形成球体，而后将缠好的水带放置于背囊内。水带手作业完毕后，成立正姿势向指挥员报告"叠放完毕"。

- 圆形叠放

口令　"圆形叠放——准备，开始"。

动作要领　当听到"圆形叠放——准备"的口令，水带手迅速蹲下（俯身）将准备叠放的水带拉直平铺于地面，两手协力将水带内的水或空气排空。

听到"开始"的口令，水带手以水带一端为中心，迅速将水带卷成一圆盘，而后将缠好的水带放置于背囊内。水带手作业完毕后，成立正姿势向指挥员报告"叠放完毕"。

- "Z"字形叠放训练

①单人叠放。

口令　"'Z'字形叠放——准备，开始"。

动作要领　当听到"'Z'字形叠放——准备"的口令，水带手迅速将水带拉直平铺于地面，将背囊置于水带旁适当位置。

听到"开始"的口令，水带手迅速蹲下（俯身），两手协力将水带内的水或空气排空，按照"Z"字形叠法逐层叠放于背囊内，对折长度视背囊宽度而定。当背囊内已有水带，应先将两根水带接头相接，再进行叠放。背囊装满后应系好背囊盖，将水带一端留出10厘米左右以便识别。水带手作业完成后，成立正姿势向指挥员报告"叠放完毕"。

②双人配合叠放。

口令　"'Z'字形叠放——准备，开始"。

动作要领　当听到"'Z'字形叠放——准备"的口令，1、2号水带手分别负责水带两端，将水带拉直平铺于地面，而后1号水带手将背囊置于水带旁适当位置。同时，2号水带手沿水带跑步进至1号水带手的斜对面，距离1~1.5米处。

听到"开始"的口令，1号水带手迅速蹲下按照"Z"字形叠法逐层将水带叠放在背囊内，其对折长度视背囊宽度而定。2号水带手负责排空水带内的水或空气，配合1号水带手叠放。当背囊内已有水带，应先将两根水带接头相接，再进行叠放。背囊装满后应系好背囊盖，将水带一端留出10厘米左右以便识别。2名水带手作业完成后，成立正姿势向指挥员报告"叠放完毕"。

在实际应用中，也可将单根水带对接后，按"Z"字形叠法放于背囊中，接头露于背囊外。叠放多根水带时，后一根水带从前一根水带对接处穿过再进行叠放。

（四）灭火运用

1. 直接灭火

灭火作战中，应根据火场形状、火头大小、火线长短、蔓延速度、林火种类，以及气象条件，确定水泵架设方法和水带铺设路线。根据火强度的大小确定灭火位置。根据林火种类确定喷枪类型，1/4直流水枪主要用于扑打地下火；3/8直流水枪主要用于扑打树冠火；雾状水枪主要用于扑打地表火和清理火场。扑救树冠火或阻截火头时，可采取多枪头集中灭火；扑救地下火时应采取"Z"字形向腐质层下注水；清理火线时枪手应由火烧迹地边缘逐渐向内清理。与其他机具协同作业，灭火效果更显著。

2. 间接灭火

因火场态势、周围环境等条件限制，水泵不能直接灭火，需发挥水泵间接灭火能力，采用不同方法，阻止林火蔓延，达到灭火效果。主要有4种应用方法。

点放迎面火时建立依托　在拦截火头或遇高强度火时，往往采取在依托带内侧点放迎面火的战术，需要在火线外侧合适位置建立依托带。这时可以利用水泵向可燃物横向喷水，建立一定宽度和长度潮湿依托带，以防点烧时跑火。

直接点火时扑灭外线火　在拦截火头或遇高强度火线时，可在火线前方合适位置，直接横向点火，当点放的火线分为双线时，用水泵扑灭外线火，让内线火烧向火场。

拦截火头时喷灌灭火　　通常适应于保护重点目标，在林火蔓延前方合适位置，架设水泵，铺设水带，采取单（多）泵喷灌、多泵并行喷水等方法并将水带末端封闭，然后在每个水带的接头安装细水带和喷头，实施半径或旋转喷灌，拦截火头或灭火。

配合灭火时提供水源　　在架设并串联泵灭火至输水距离极限时，可利用变径方法，延长输水距离。将水输送到在火场边缘预先设置的水囊或简易蓄水池中，供灭火队员使用其他以水灭火装备灭火。同时，还可为火场紧急避险提供可靠保证。

3. 泵车接力输水

泵车接力输水是在执行灭火作战或其他任务时，需要将水输送到目的地，且距离水源较远，地形复杂，单个装备无法完成任务时，可采取泵车接力输水的方法。根据道路、水源地地形具体情况和需水量可采取灵活的组合方式。在操作过程中，各种装备要按照各自的操作要求进行架设，并遵守操作规程和注意事项。各种装备连接处可以水囊为中继。

4. 泵车协同灭火

随着远程输水管线作业系统、轮式消防车不断投入灭火作战，应根据灭火需要和火场周边环境，实施泵车协同灭火，以提高灭火效率。通常，有以下几种组合方式见下表。

泵车协同灭火组合方式

水源	组合方式			火场
水源	水泵	消防车		火场
水源	消防车	水泵		火场
水源	远程输水管线系统	水泵		火场
水源	远程输水管线系统	消防车		火场
水源	远程输水管线系统	水泵	消防车	火场
水源	远程输水管线系统	消防车	水泵	火场

注：泵车协同时，可用贮水罐（水囊）进行连接。各种装备遵守其操作规程及注意事项。

五、油锯操作与使用

目前,森林草原消防队伍配备使用的油锯主要有德国斯蒂尔油锯和国产的高把油锯、短把油锯。下面以短把油锯为例。

油锯操作与使用

(一)操作要求

操作油锯时,要把握好"端锯、下锯、杀锯、撤锯"四个步骤,正确操作,提高伐木效率和安全性。

端锯 油锯要端得稳、准、平、正,使锯导板与树干保持垂直。避免端锯不稳、不平造成难于控制树倒方向而加大危险性。

下锯 将插木齿靠近树干,锯齿轻轻接触树干,先使用小油门,使油锯导板锯入树干,再加大油门并逐渐加推进力。避免因下锯方法不对或没有把插木齿紧靠树干,锯链转速过高而引发油锯把操作人员带倒现象。

杀锯 伐硬质木时,采用大油门轻杀锯;在树木将要下倒或已经下倒时,应大油门狠杀锯,以加快树木下倒的速度,防止劈裂。

撤锯 在树木将要下倒之前,减小油门并将油锯导板抽出,将油锯制动熄火,尔后沿安全通道快速撤离。

(二)灭火运用

油锯主要用于伐木,在灭火中常用来开设隔离带、直升机临时机降场地和清理火场,应充分发挥其携带方便、轻捷、易控制等作用。

(三)日常维护保养

清洗并检查曲轴箱、曲轴、连杆、清除飞轮、风扇、缸罩、启动器等零件。

依序清除气缸、活塞、消音器等配件积碳,清洗泵油室、平衡室、离合器、被动盘等配件。用汽油清洗机油箱和滤清器。

检查气缸、活塞环、活塞磨损程度,复原机器并启动检查。

六、割灌机操作与使用

割灌机操作
与使用

目前，森林草原消防队伍主要配发背负式割灌机和侧挂式割灌机。下面以背负式割灌机为例。

（一）操作要求

启动 打开油门开关，调整油门手柄，关闭阻风阀门，轻拉启动器数次后打开阻风门，迅速拉动启动器，启动发动机。发动机启动后，先怠速运转 2~3 分钟后再加负荷，发动机怠速可通过调整化油器上的怠速螺钉来实现。

停机 降低发动机转速，停火，关闭油门开关。

（二）灭火运用

割灌机主要用于清理小径级立木、灌丛、杂草等，开辟隔离带和宿营地，应最大限度地发挥性能先进、操作方便等作用。根据草、灌的疏密粗细不同，适当调整油门手柄，一般开到 1/2 或 1/3 处。双手自然握紧手把，掌握好留茬高度，双脚分开身体慢慢左右摆动，割幅一般在 1.5~2 米范围内，有节奏地边走边割。在灭火运用中，一是双手用力要均衡，避免锯片碰触硬物反弹伤人；二是站立要稳；三是左右摆动幅度不宜过大。

（三）日常维护保养

机器使用超过 35 小时后，应及时保养火花塞、空气滤清器、吸油头、传动轴等各类配件。在灰尘大的环境中使用时，适当提高清除频率。

机器使用 50 小时后，应进行精细保养，加注润滑脂。

储存时必须清理机体，清空燃料，燃尽化油器内燃料；拆下火花塞，向气缸内加入 1~2 毫升二冲程机油，拉动启动器 2~3 次，装上火花塞。

七、加油器操作与使用

森林草原消防队伍目前配发使用的主要是背负式加油器。

（一）操作要求

将背带调整到合适位置，向加油器的汽油桶中加入汽油，按照燃油混合比例，将机油倒入油桶，将放气孔打开，把出油嘴开关打开即可进行正常工作。

加油器操作与使用

（二）灭火运用

加油器主要用于给风力灭火机、油锯和割灌机等灭火装备加油，应发挥携带方便、加油省力、省时和安全高效等特点。

（三）日常维护保养

加油器必须分类存放使用，带油存放必须将放气孔封闭存放，以免燃油溢出发生危险。

使用后的加油器存放前要检查该装备是否完整，如有缺失及时补充。使用后的加油器要将油管、油嘴和上阀盖擦拭干净，然后入库存放。

八、点火器操作与使用

点火器的种类主要分为滴油式和储压式两类。下面以滴油式点火器为例。

点火器操作与使用

（一）操作要求

使用点火器前，打开跑风阀，点火头向下倾斜，滴上燃油后点燃点火头。熄灭点火器前，要关闭跑风阀，防止漏油。

（二）灭火运用

以火攻火。遇有火线弯曲过长时，在可视条件下用点火器取直线点烧，或在有依托条件下，点烧达到以火攻火的目的。

阻隔火线。在地形林情复杂灭火人员无法靠近，或者遇有需要重点保护的目标时，点烧火线以达到阻隔火的目的。

计划烧除。点烧林下地被物或采伐剩余物，做好防护，防止跑火。

应急自救。用点火器点顺风火或逆风火，使灭火人员进入火烧迹地避险。

（三）日常维护保养

点火器用完后将桶内燃油倒出存放。如带油存放，必须将油孔封闭，关闭排风阀，以免燃油溢出发生危险。

将点火头、油管、油嘴和上阀盖擦拭干净。将点火器上部组件反向装入油桶内，拧上压盖后存放。

九、灭火弹操作与使用

灭火弹操作与使用

森林草原灭火弹主要分为干粉灭火弹、水剂灭火弹、热敏灭火弹。下面以干粉灭火弹为例。

（一）灭火运用

打开突破口时应用。在接近火线后，一人或多人同时向火线一处投掷灭火弹，以达到爆炸面积尽可能多将火线一处完全覆盖的目的。

攻打火头时应用。在距离火头不远处，集中多人一起将多个灭火弹投向火头处，达到扑灭火头或降低火势强度的目的。

火场自救时应用。在遇有紧急情况时，集中使用灭火弹打开火线缺口，使灭火人员能迅速穿越火线进入火烧迹地避险。

（二）注意事项

投掷距离应大于3米，防止造成意外伤害。

不得将灭火弹投入油罐、油槽等盛有大量易燃液体罐槽内。

保管和发放应有专人负责，注意防潮，防止乱丢、乱用，不许小孩和无关人员接触，以免发生意外。

对需报废的产品，应将壳体拆掉，倒出干粉，取出拉火体，并按销毁规则统一销毁。

十、对讲机操作与使用

对讲机操作与使用

对讲机主要用于火场的组织指挥和通信联络。森林消防队伍配备的型号较多。下面以 GP338 对讲机为例。

开/关对讲机　顺时针旋转"开/关/音量旋钮"开机。对讲机正常操作则您会听见自检成功音且绿色"指示灯"显示；反之对讲机发出自检失败音。逆时针旋转"开／关／音量旋钮"直到"咔哒"声响起关机。

选择信道　GP338 对讲机提供 128 条常规信道（共有 8 个区，每个区拥有 16 个信道）。左右旋转"信道选择钮"来选择信道。根据需要选择适当的区。调节"信道选择钮"直到所需的信道显示。

呼叫　选择通信信道，按住电台侧面 [PTT] 键，离"麦克风"2.5～5 厘米的地方说话，便可呼叫对方，此时指示灯为红色发射显示，松开 [PTT] 键，电台恢复到接收状态。

十一、卫星导航定位终端操作与使用

卫星导航定位终端操作与使用

目前国内普及使用北斗卫星导航定位终端，包括手持终端、车载终端、机载终端以及指挥机（指挥调度）等。

RNSS／GNSS／定位／导航。可接收北斗卫星信号、确定使用者当前的坐标位置，进行导航，测点、线、面以及记录轨迹。在以上功能的基础上，RDSS/短报文/有源终端，增加了北斗短报文通信功能。

（一）北斗手持式卫星定位仪操作

开机定位　设备在室外开机即可自动搜索卫星信号并显示出当前位置的坐标信息。按采点键即可将当前位置的坐标保存。

记录行走轨迹　设备开机定位后会自动记录行走轨迹，可在行程结束或者缓存存满时，进入航迹中保存。保存后可查看长度、面积、返航。这一项在进入陌生林区时尤为重要。如需要按原路返回，只需要按返航即可。

（二）北斗短报文终端操作

收发短报文　在室外开机、面朝南，不能有高大遮挡物，打开北斗信息 APP，输入接收方北斗卡号，输入报文内容，点击发送即可。同发送短报文一样的动作和环境下，短报文会自动接收并提示。

位置上报　在室外开机、面朝南，不能有高大遮挡物，打开北斗信息APP，在定位中输入收方地址和报告频度，开启位置上报，设备便会按照设定的频度自动上报当前位置。

通播/监听 北斗指挥机可以使用通播功能，即在收方地址处输入本机的通播地址，即可进行通播（@All）。北斗指挥机可以自动接收到本机下属用户设备所接收到的北斗短报文信息，以进行监听。

本节
数字资源

单兵合成

第四节　单兵合成训练

一、训练准备

按标准设置场地，准备好卫星定位仪、对讲机、风力灭火机、水枪、油锯、点火器、灭火弹及油料、可燃物、秒表、指挥旗等机具器材，确保机具性能良好，搞好保障人员培训，明确训练内容，提出具体要求和安全注意事项。

二、训练实施

（一）单项作业

1. 卫星导航定位终端和手持电台操作

口令 "××操作手——就位"，"开始"，"停"。

动作要领 当听到"××操作手——就位"的口令时，受训人员立即进入作业点，指挥员当场宣读目标点坐标，操作人员进行记录。当听到"开始"的口令时，立即使用卫星定位仪测量现地概略坐标及高程，输入正确的目标点坐标，测算站立点与目标点之间的距离，调整对讲机频道并使用对讲机报告测算结果。量算结果正确后，教练员下达"停"的口令，并记录受训人员完成训练内容所用时间。

标准与要求 熟练完成卫星定位仪操作，测量高程和测算站立点与目标点之间的距离准确，会调整对讲机并熟练使用对讲机进行沟通联络。

2. 风力灭火机灭火

口令 "风力灭火机灭火——预备","开始","停"。

动作要领 当听到"风力灭火机灭火——预备"的口令时,受训人员立即进入风力灭火机灭火作业点,当听到"开始"的口令时,启动机具,采取灵活的应用动作,迅速扑灭预设火线,关闭机具。教练员下达"停"的口令,并记录受训人员完成训练内容所用时间。

标准与要求 会正确操作使用风力灭火机,扑打动作标准,明火扑灭彻底。

3.水枪灭火

口令 "水枪灭火——预备","开始","停"。

动作要领 当听到"水枪灭火——预备"的口令时,受训人员立即进入水枪灭火作业点。当听到"开始"的口令时,迅速背水枪,采取有效灭火动作,迅速扑灭预设火线。教练员下达"停"的口令,并记录受训人员完成训练内容所用时间。

标准与要求 会正确操作使用水枪,扑打动作标准,火线明火扑灭彻底。

4.油锯切割

口令 "油锯切割——预备","开始","停"。

动作要领 当听到"油锯切割——预备"的口令时,受训人员立即进入油锯切割作业点。当听到"开始"的口令时,启动机具,找准切入点,迅速锯断预设圆木,关闭机具。教练员下达"停"的口令,并记录受训人员完成训练内容所用时间。

标准与要求 油锯使用熟练,切割准确到位,操作安全高效。

5.点火器点烧

口令 "点火器点烧——预备","开始","停"。

动作要领 当听到"点火器点烧——预备"的口令时,受训人员立即进入点火器点火作业点。当听到"开始"的口令时,立即使用点火器,按照打开油门开关、点火、点烧和熄火的顺序进行点烧预设火线,点烧完毕后立即熄火。教练员下达"停"的口令,并记录受训人

员完成训练内容所用时间。

标准与要求 点火器使用熟练，操作安全高效，点烧速度快，点烧火线达到标准要求。

6.灭火弹投掷

口令 "灭火弹——预备"，"开始"。

动作要领 当听到"灭火弹——投掷"的口令时，受训人员立即进入投掷地线。当听到"开始"口令时，自行取出灭火弹，采取立姿方式向区域靶投掷灭火弹，投入区域靶后，记录受训人员使用时间。

标准与要求 2枚灭火教练弹中，其中1枚投入靶标区域内即达到标准要求。

（二）连贯练习

按照卫星导航定位终端和超短波电台操作、风力灭火机灭火、水枪灭火、高压细水雾灭火机灭火、油锯切割、点火器点烧的顺序连贯作业。作业时必须按照规定完成每项内容操作，如未能完成，不得进行下一项内容的操作。

当听到"单兵动作合成训练——预备"的口令时，操作人员从出发地线快速到达卫星导航定位终端和超短波电台操作位置，由操作人员从坐标库中抽取一组坐标点，听到"开始"口令后（教练员开始计时），操作人员快速读取现地高程、录入目标点坐标，测算目标点与站立点之间的距离，读取高程和目标点数据（教练员举绿旗示意通过时，下一作业点保障人员开始点火），如果读取数据不正确，不得进行下一项内容的操作。

完成卫星导航定位终端和超短波电台操作后，操作人员自行跃进至风力灭火机灭火作业点，迅速启动风力灭火机，将明火扑灭，扑灭火线后将风力灭火机关停并置于原位置。

完成风力灭火机灭火后（教练员举绿旗示意通过时，下一作业点保障人员开始点火），操作人员继续向前跃进至水枪灭火作业点，迅速背水枪，将明火扑灭，而后水枪置于原位置。

完成水枪灭火后（教练员举绿旗示意通过时，下一作业点保障人员开始点火），操作人员继续向前跃进至油锯操作作业点，迅速启动油锯，将预置圆木按标识线完成切割，而后将机具关停并置于原位置。

完成油锯切割后，比武人员继续向前跃进至点火器点烧作业点，利用点火器点烧火线，而后将机具熄灭并置于原位置。

完成点火器点火后，操作人员继续向前跃进至灭火弹投掷地线，自行取用灭火弹，采取立姿方式向区域靶投掷，投入区域靶 1 枚后，跑到终点，计时停止，教练员宣布作业时间。

三、注意事项

卫星导航定位终端和超短波电台操作 在操作时，要保持超短波电台通信畅通，确认卫星导航定位终端接收卫星信号状况良好，尽可能缩小误差范围。

风力灭火机灭火 训练过程中需要加注燃油时，应当先熄火，在预设火线侧后方 20 米处实施，尽量不要将燃油溢出，溢出燃油应当及时擦拭干净。

油锯切割 作业前应当检查断链捕捉销是否安装好，扳机开锁按钮是否灵敏，防止断链飞出伤人或锯链意外转动伤人。

点火器点烧 作业前应检查点火器是否漏油，在操作中必须戴防护手套进行点火作业，防止灼伤。

灭火弹投掷 投掷实弹时应投入火线使其自行引爆，严禁在手中点燃后投向火线，严防炸伤。

第七章
识图用图

地图是地球表面自然和社会现象的缩写图，是按照一定的数学法则，用特定的图式符号、颜色和文字注记，将地球表面的自然和社会现象，经过一定的制图方式综合测绘于平面上的图识。地球表面自然现象对森林草原火灾的形成发展，以及正确利用地形地物扑救森林火灾，实施紧急避险有着非常重要的意义。因此，学习掌握地形图基本知识，正确利用地形图实施灭火作战行动，是火场指挥员及专业扑火队员的基本功。

第一节　地形图知识

森林草原灭火行动通常使用1∶2.5万和1∶5万比例尺地形图（大比例尺地形图），这两种地形图对地貌、方向、植被、水系、道路等做了较为精确、详细的标绘。火场指挥员和专业扑火队员应当熟练掌握这两种地形图。

一、地图的比例尺及方位角

（一）地图比例尺的概念

地图，是将地面点、线、图形，按投影公式转换到投影平面上（此时已含有投影误差），并按一定比率将其缩小成图。缩小的比率即为地图比例尺。它用于图上长与实地相应球面长的换算。

地图比例尺 = 图上长 / 投影面上相应长

= 图上长 /(实地相应球面长 + 长度变形)

如果采用的投影方法，能使长度变形小到可忽略不计，则该地图比例尺叫做普通比例尺；如果必须考虑长度变形的影响，则此地图比例尺叫做投影比例尺。地形图采用分带投影限制了长度变形，故可按普通比例尺进行图上长与实地相应球面长（短距离内叫水平距离）的换算。

（二）普通比例尺及其应用

普通比例尺是指图上长与实地相应水平距离之比。为便于了解地图缩小的倍数，分子通常化为 1，即：

普通比例尺 = 图上长 / 实地相应水平距离 =1/M

式中，M 为比例尺分母，其值愈大，比例尺愈小；其值愈小，比例尺愈大。

如：1：25000 地图，表示地图上 1 厘米，相当实地 25000 厘米，也就是 250 米；而 1：50000 地图，表示地图上 1 厘米，相当实地 50000 厘米，也就是 500 米。

一幅地图，当幅面大小一定时，比例尺愈大，它所包括的实地范围愈小，图上显示内容愈详细；比例尺越小，图幅包括的实地范围越大，图上显示的内容越简略。

（三）经纬度

为了精确地表明各地在地球上的位置，人们给地球表面假设了一个坐标系，这就是经纬度线。经纬度是确定地球上某一点坐标的依据。

1. 经线

连接地球南北两极的并同纬线垂直相交的线称为经线，也称子午线。经线指示南北方向，所有经线都呈半圆状且长度相等，并且相交于南北两极点。两条正相对的经线形成一个经线圈，任何一个经线圈都能把地球平分为两个半球。

经纬度最初由英国人提出的，他们将通过英国伦敦格林尼治天文台旧址的那条经线是零度经线，也叫本初子午线，一直沿用至今。整个地球由本初子午线向东和向西分别分成 180 份，每一根经线都有其相对应的数值也就是经度，向东为东经、向西的为西经，每条经线之间相差 1°。我国首都北京就位于东经 116° 经线上。

2. 纬线

在地球仪上，顺着东西方向，环绕地球仪一周的圆圈，叫做纬线。所有的纬线都相互平行，并与经线垂直，纬线指示东西方向。纬线圈的大小不等，赤道为最大的纬线圈，从赤道向两极纬线圈逐渐缩小，到南、北两极缩小为点。整个地球沿着赤道向北和向南各分为 90 份，每份为 1°。赤道是最长的纬线，纬度为 0°，南纬 90° 是南极，北纬 90° 是北极。我国首都北京位于北纬 39° 纬线上。

纬度的判读：度数向北变大的是北纬，用字母"N"表示；度数向南变大的是南纬，用字母"S"表示。

（四）方位角

从某点的指北方向起，按顺时针方向量至目标点方向的水平角，叫做某点至目标点的方位角。方位角有两种计量方式，即密位制和 360° 角制，灭火行动中，通常用 360° 角制确定地图方位、指示着火点、保持行进方向等。

地图上某一点的指北方向线有坐标纵线、真子午线和磁子午线，并分别简称坐标北、真北和磁北。因此，相应的方位角有坐标方位角、真方位角和磁方位角。

以坐标北为基准方向的方位角，叫坐标方位角；以真北为基准方向的方位角，叫真方位角；地球是个大磁体，以磁北为基准方向的方位角，叫

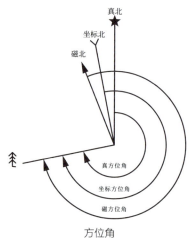

方位角

磁方位角。利用指北针可以很快找到现地的磁北方向，白天和夜间都可使用，而森林草原火灾通常是一个区域，对指北的精度要求不是非常高，因此在森林草原灭火行动中主要使用磁方位角。

二、主要地物的表示与符号的识别

地面上位置固定的物体，称为地物。地形图上是以不同符号表示的。森林草原灭火行动中应重点掌握与森林草原灭火关系密切的地物和符号有以下几种。

（一）道路

供人、车、畜通行的途径及其附属设备的总称，叫做道路。道路按其主要保障对象的不同，分为铁路、公路和其他道路。

铁路 铁路按两条铁轨间的距离分为标准轨距铁路、宽轨铁路和窄轨铁路；按正线数目的多少分为单线铁路和复线铁路；按机车的动力牵引方式分为电气化铁路、蒸汽机车和内燃机车牵引的铁路。

我国主要为标准轨铁路，没有宽轨铁路。个别省的地方铁路为窄轨铁路，图上注记"窄轨"二字。线路符号上有双垂线的为复线；没有者为单线。注记有"电"字的为电气化铁路，一般无机车上水设备；无注记者，为蒸汽机车或内燃机车牵引的铁路。

公路 修筑有路基、铺面和附属建筑物的汽车通路，叫公路。按公路设计标准分为五级，但地形图上只区分高速公路与普通公路两种。高速公路与普通公路主要以符号宽度相区别，前者为0.8毫米，后者为0.6毫米。

其他道路 指未经规划修筑或只经简单修筑而形成的道路。包括简易公路、乡村路、小路和时令路。

（二）水系

水系对森林草原灭火行动起着重要作用。在地形学范畴内，海洋、湖泊、水库、江河、水道、井、泉各种自然和人工水体的总称，叫做水系；而把江河的脉络结构，叫做河系。

河流　按有水时间的长短分为常年河、时令河与干河。

　　运河与水渠　是指为了运输、灌溉、排涝、泄洪、发电等目的而开挖的水道。水渠按渠底相对于地面的高度，又分为普通水渠与高于地面的水渠。缺水地区，为防止水在地面流动时蒸发，特在地下不透水层中挖掘的暗渠，叫做坎儿井，它在图上只有两端表示暗渠起止处的竖井为真实位置，其余为配置符号。

　　湖泊　按一年内有水时间的长短分为常年湖、时令湖与干湖；按湖水含盐度的高低分为淡水湖与咸水湖。

　　水库　以蓄水量的大小分为小、中、大型水库，相应的蓄水量为1000万立方米以下、1000万至1亿立方米、1亿立方米以上。

　　水源　包括井、泉、贮水池和水窖。

　　沼泽　是指地面经常湿润泥泞或有积水的地域。它以积水深度和泥深对大型灭火设备机动产生影响。地形图上区分能通行与不能通行两种。

（三）植被

　　植被是指覆盖地表的植物及其群落。根据森林草原火灾的特点，将其分为树林、竹林、灌木林、经济林、草地和农作物等。

　　树林是指乔木植物聚生之地。按其密度、粗度、高度、分布面积与特点，进一步分为森林、疏林、矮林、狭长林带、树丛和突出树等。

　　森林　树木生长茂密，树冠边缘之间平均距离小于树冠的平均直径，树高平均在4米以上，齐胸处平均树粗（胸径）0.08米以上。地形图上在分布范围内套印绿色，并注有树名、平均树高和胸径。

　　疏林　树木生长稀疏，树冠之间平均距离为树冠直径的14倍。它的实地分布边界不清楚，图上以配置符号表示其范围。

　　矮林　主要指平均树高不足4米的乔木林地。但胸径不足0.08米的幼林和高度、胸径都达不到森林标准的苗圃，也用同一种符号表示，并分别加注"矮""幼""苗"以示区别。

　　狭长林带　指呈条状分布的乔木林地。有一定隐蔽和障碍作用。

树丛　指面积不大，但有一定方位意义的乔木聚生地。

突出树　指具有方位作用的单棵树及林中非常高大突出的树。

对于面积较小，图上无法区分的森林、矮林、幼林、苗圃以及零散分布的树木，图上以小面积树林和零星树木符号表示。

为减少图面载负量，地形图上对农作物只表示稻田和有方位意义的旱地。

植被的分布形式复杂，经常遇到几种植物混杂生长的地段。因此，必须掌握依地形图判断其主次的方法。对面积较大的植被，当有种类名称注记时，注记的种类为主要植物，树林为主，其下层长有密集灌木林。当面积植被中有两个树种注记时，则左（或上）面一种为主，右（或下）面一种为次。

图上森林符号中若绘有黑色双虚线，则为人工砍伐的防火线，或为便于管理而设置的林班线。它对森林中判定方位和机动有着重要意义。

（四）符号的颜色

为使地图内容层次分明、清晰易读、有较强的表现力，地形名号采用不同的颜色。

黑色　表示人工地物和部分自然地物。如：居民地、道路、独立石、溶洞。

蓝色　表示与水、冰雪有关的物体。如：湖泊、水渠、冰川、雪山。

绿色　表示与植被有关的物体。

棕色　表示地貌与土质。

三、地貌的表示、识别与判读

（一）地貌的表示

地表的起伏形态，称为地貌。地形图上主要用等高线来表示。所谓等高线，是地面连续高程相等点的连线。

1. 等高线表示地貌的原理与特性

原理 设想用一组高差间隔相等的水平面去截割地貌，则其截口必为大小不同的闭合曲线，并随山背、山谷的形态不同而呈现不同的弯曲形状。将这些曲线垂直投影到平面上，便形成了一圈套一圈的曲线，即构成等高线图形。这些曲线的数目、形态完全与实地地貌的高度（差）和起伏状况相一致。

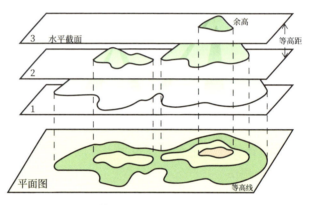

等高线表示地貌的原理

特性 ①同一条等高线上各点的高相等。②相邻等高线的水平间隔与地面坡度成反比。即相邻等高线的间隔愈小，地面坡度愈大；反之，则小。因此，根据图上等高线的疏密程度可以判定地面坡度的大小。③等高线弯曲形状与实地地貌保持相似关系。山背上的等高线凸向山脚；山谷的等高线凸向山顶或鞍部，依此可判定山体分布与走向。④等高线是闭合曲线，一般情况下互不相交。但当通过绝壁、陡坎时，曲线可能会出现重合。

2. 等高距及等高线的种类和作用

等高距 相邻两条首曲线间的实地铅垂距离叫等高距。等高距愈小表示地貌的等高线愈多，地貌表示愈详细；等高距愈大，等高线愈少，地貌表示愈简略。若按同一等高距表示地貌，对高差大、坡度陡的山地，等高线多而密；对平坦地区则等高线稀而疏。所以，等高距的选择通常根据地区的地貌特征、地图比例尺和地图的用途等情况来确定。我国基本比例尺地形图的等高距规定见下表。

等高距的规定

比例尺	一般地区 （基本等高线）	特殊地区 （选用等高线）	备注
1∶1万	2.5米	1或5米	一般地区，指大部分地区采用的等高距；
1∶2.5万	5米	10米	特殊地区指那些不适用基本等高距的地区，并非狭指山区
1∶5万	10米	20米	

等高线的种类和作用　等高线按其作用不同，分为以下4种。

（1）首曲线。又叫基本等高线。是按规定的等高距，由平均海水面起算而测绘的等高线，图上以粗0.1毫米的细实线表示地貌的基本形态。如在1∶5万地形图上的首曲线，依次为10米、20米、30米……

（2）计曲线。也叫加粗等高线。规定从高程起算面起，每隔4条首曲线（即5倍等高距的首曲线）加粗描绘一条粗实线，线粗0.2毫米，用以数计图上等高线与判读高程。如在1∶5万地形图上的计曲线，依次为50米、100米、150米……

（3）间曲线。又叫半距等高线。它是按1/2等高距描绘的细长虚线。用以表示首曲线不能显示的局部地貌形态，如小山顶、阶坡或鞍部等。

（4）助曲线。又叫辅助等高线。它是按1/4等高距描绘的细短虚线。用以表示间曲线仍不能显示的某段微型地貌。

间曲线和助曲线只用于局部地区，所以它不像首曲线那样

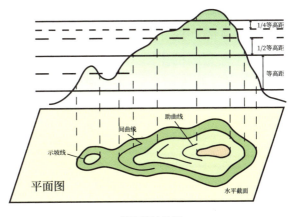

等高线的种类

一定要各自闭合。

对于独立山顶、凹地以及不易辨别斜坡方向的等高线，还绘有示坡线。它是与等高线相垂直的短线，是指示斜坡的方向线，绘在曲线的拐弯处，其不与等高线连接的一端指向下坡方向。

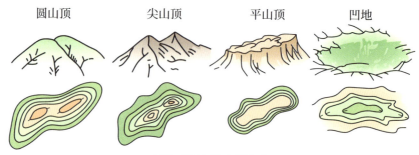

山顶、凹地及等高线图形

（二）地貌识别

1.地貌元素及其识别

地貌形态虽然多种多样，但它们都是由山顶、鞍部、山背、山谷、山脊、山脚、斜面和凹地等地貌元素组成的。掌握了识别这些地貌元素的要领，即能识别各种地貌形态。

山顶 山体的最高部位叫山顶。根据等高线特性，它必数条封闭曲线，且内圈高程大于外圈。若图上顶部圈大，由顶向下等高线由稀变密，为圆山顶；若顶部环圈小，由顶向下等高线由密变稀，为尖山顶；如果顶部环圈不仅大，且有宽阔的空白，向下等高线变密，则为平山顶。

山背 从山顶到山脚向外突出的部分叫山背。它的中央棱线叫分水线。山背等

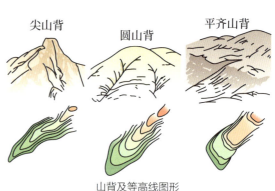

山背及等高线图形

高线形状向山脚方向凸出。若曲线在分水线上呈尖形拐弯，为尖山背；呈圆形拐弯，则为圆山背；若曲线平齐，分水线附近宽阔，而山背两侧曲线较密，则为平齐山背。

山谷 相邻两山背或山脊之间的低凹部分叫山谷。它的中央最低点的连线叫合水线。山谷等高线是凹向山体的曲线。山谷依横断面的形状分为尖形（V形）、圆形（U形）和槽形谷。它们的曲线在合水线拐弯分别为锐尖、圆弧和平直形。其在合水线方向上间距大，则谷底平缓；间距小，则坡度大。两侧曲线间距小，则谷窄；间距大，则谷宽。

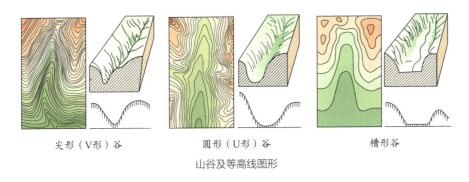

尖形（V形）谷　　　圆形（U形）谷　　　槽形谷

山谷及等高线图形

鞍部 相邻两山顶间形如马鞍状的凹部叫鞍部。

按照等高线原理，它在地形图上必为两组对称的等高线。一组为山背；另一组为山谷等高线。

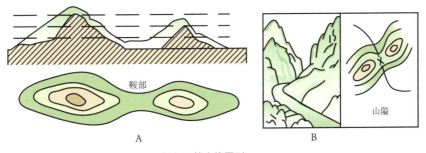

鞍部及等高线图形

山脊 数个相邻山顶、山背和鞍部所连成的凸棱部分叫山脊。山脊的最高棱线叫山脊线。地形图上，依山脊线上诸山顶、山背和鞍部的不同形态，可以判别山脊的宽窄与坡度的大小，以及翻越鞍部的难易程度。

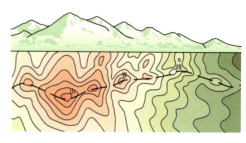

山脊及等高线图形

山脚 山体与平地的交线。它是一条明显的倾斜变换线，由此向上，等高线密集，山背、山谷等高线十分明显；向下，等高线稀疏、平滑，没有明显的谷、背区别。

斜面与凹地 由山顶到山脚的坡面叫斜面。灭火行动中把朝向着火方的斜面，叫正斜面；背向着火方向的斜面，叫反斜面。斜面按其断面形状分为等齐斜面、凸形斜面、凹形斜面和波形斜面。

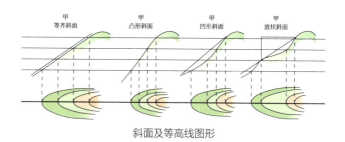

斜面及等高线图形

凹地 四周高、中间低，无积水的地域叫凹地。大范围的则称盆地。凹地在地形图上是由闭合的等高线表示，但内圈高程小于外圈高程。

2.特殊地貌的识别

凡不能用等高线形象表示的地貌形态，称为特殊地貌。它包括地表因受外力作用改变了原有地貌形态的变形地貌，以及地貌形体较小，用特定符号放大表示的微形地貌。如冲沟、陡崖、崩崖、陡石山、滑坡等，它们的实地景观和图上表示如图所示。

变形地貌的表示

（三）地貌判读

1. 高程与高差的判定

地形图上用黑色标注出高程的点，称为高程注记点。通常一幅图有 80~200 个。此外，地形图上还按一定密度要求，均匀地标注出某些等高线的高程，并规定字头朝向山顶方向。这些高程注记点和注记曲线即是判定任意点高程的依据。

高程判定 首先在欲判定点近旁寻找高程注记点或注记曲线；然后按它们与欲判定点的关系位置向上（或向下）查数其间的等高线条数，再依图廓外注出的等高距算出最邻近的一条等高线的高程，最后加（或减）上目估欲判定点至该曲线的高差，即得判定点的大致高程。

高差的判定 判定两点的高差，应先分别判明两点的高程，然后两高程数相减，即得高差。

2. 起伏的判定

从地形图上，根据等高线的组合特征以及与相关地物、注记判断实地地势起伏或指定方向地面起伏的工作，叫地面起伏判定。地面起伏判定有两种应用。

着火地区内地面起伏判定 ①观全貌，找出河流、谷川等负向地貌，由此可判定地貌的起伏趋势；②沿河谷、判断山头、脊线等正向地貌，以找出各个突出之山头；③比高程，判断孰高、孰低，找出山体（地面）的起伏脉络联系。

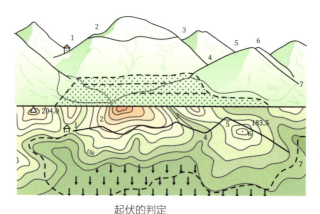

起伏的判定

1~2.上坡；2~3.沿斜面；3~4.下坡；4~5.上坡；
5~6.上坡；6~7.下坡

运动方向上的起伏判定：判定运动方向上的起伏，应先在地形图上标出起终点，如图中1号位置至7号位置；然后从起点至终点逐次找出起伏变换点如图中的2、3、……、6；最后依相邻两点（如1~2）间等高线的升降情况逐一进行判定。

判定时，要联系实际，不必恪守某一固定模式。

当灭火任务区内地面的起伏判定后，即可判定山脊走向。判定时，可从最高山头起，向位于同脉上的相邻鞍部—山头—鞍部延伸，彼此联接起来，即可确定。

2.坡度的判定

坡度，通常指斜面对水平面的夹角；但有时也指斜面上某指定方向对于水平面的夹角。坡度的大小通常用度数表示；但有时也用高差和相应水平距离的比值表示，叫做倾斜百分比。在图上判定坡度，主要用坡度尺来量。

地形图南图廓的下方绘有坡度尺，如图中坡度尺的底线上注有从1°~30°的坡度数值和3.5%~58%的百分数，从下至上有6条线（一条直线，5条曲线），可以分别量取2~6条等高线间的坡度。量取两条等高线间的坡度时，先用两脚规（或纸条、草棍等）量取图上两条等高线间的宽度；然后到坡度尺的第一条曲线与底线间的纵方向上比量，找到与其等长的垂直线，即可在底线上读出相应的坡度。如图量取山背1的坡度为2°（或3.5%）。如几条等高线的间隔大致相等时，可一次量取2~6条等高线的间隔；然后在坡度尺相应几个间隔上比量。如图中量取山背2的坡度为5°（或8.8%）。

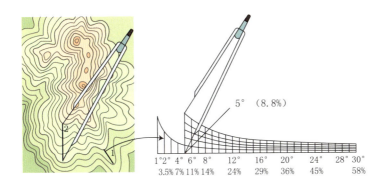

用坡度尺量坡度

用坡度尺量坡度时，应注意以下几点：①量等高线间隔时，以首曲线为准（包括计曲线），而曲间线、助曲线的间隔不能比量。②等高线间隔大的，可量一个间隔；间隔小而且相等（说明坡度一致）的，可一次量2~5个间隔。③各等高线间隔大小不等（说明坡度不一致）时，应分段量读，分别求其坡度，不可混同量读。④量斜面坡度时，应量取与等高线略成垂直方向的间隔；量读行进路线的坡度时，应沿行进方向量取等高线间隔，否则量的坡度与实地不符。

3. 判读地貌应注意的问题

（1）由于等高线之间有一定距离，这就无法表示出两条等高线之间的地貌变化，使得一些微小地貌遗漏在两条等高线之间，甚至一些山顶和鞍部的点位、高程也无法准确判读。

（2）在地形图上，有时可能出现局部地区等高线与实地不符的情况，此时，应根据附近等高线图形和其他地形特征进行综合分析，以得出正确的判读结果。

由等高线判读地貌，必须勤练多判，反复实践，才能掌握判读技能。

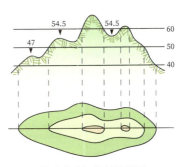

等高线之间的地貌遗漏

第二节　现地使用地形图

现地使用地形图，主要是通过地形图与现地对照，明确自己所处位置，了解周围地形情况，确定遂行任务的方向、路线、距离和着火点位置。

一、现地对照地形

现地对照地形，就是在实地把图上的地形符号与现地的地物、地貌一一对应判别出来。同时要求把现地有而图上没有，或图上有而现地已不存在的各类地形元素在图上或实地的位置找到。它通常是在标定地图方位之后进行的，先通过观察实地地形概貌，判出站立点的概略位置；再依此进行全面、详细的现地对照；然后准确判定站立点的图上位置。因此，现地对照与判定站立点的图上位置是交替进行互相联系的一项工作。

现地对照地形的一般顺序　先实地后图上，再由图上到实地，反复进行。对照的要领：先对照大而明显的地形，后对照一般地形；先由近至远，再由远及近，按一定方向顺序进行，逐片进行对照。

对照方法　先观察实地的地形分布特征，特别是山川大势、谷脊走向，形状大小，重要地物的分布及相互关系位置，然后在图上一一"对号入座"，进而判出站立点的位置。当地形复杂不便观察时，应变换站立点位置或登高观察。

对照山地地形，首先应观察山岭走向、主要高地和山体的分布特征、关系位置，然后在图上寻找相似等高线图形并判出站立点的概略位置；再由图到实地，按方位顺序进行具体对照，逐次对照各山顶、鞍部、山背、山谷以及山间的村庄、道路等细部地形。

对照丘陵地地形，其方法基本上与山地相同。但因山顶浑圆，形状相似，地形零碎，难度一般较山地为大。对照时，通常以山脊为基准，抓住山背、山谷和明显地形点（如道路、河流的交叉、拐弯处和突出的独立地物等）的特征及其关系位置进行对照。当山脊前后重叠不易分辨时，可根据耕地形状的变化，植被颜色的不同，谷地、居民地的形状和大小以及露出的树冠等特征进行分析判定。

对照平原地形时，可先对照主要道路、河流、居民地、突出的独立地物和高地，然后再以道路或河流划分的地域，分片逐点地依地物分布规律和相互关系位置对照细部地形。

> **现地对照注意事项**
>
> • 要有比例尺概念。地形图上表示地形的详略程度，取决于地图比例尺的大小。比例尺大，表示较为详尽；比例尺小，舍弃的细小地形元素多，在表示上，综合程度也较大，某些地形的细部如小的山头、山背、山谷、河弯等，在图上可能找不到。
>
> • 注意发展变化。地形图现势性差的特点，决定了图上表示与实地地物分布一般不完全一致。但相对而言，地貌变化较小，水系要素中的河流、湖泊、大中型水库变化也不大。因此，现地对照要以地貌和水系要素为先导，再推判其他要素的分布、位置与数量变化。

二、现地方位介绍

灭火分队到达灭火任务区后，指挥员在下达口述灭火战斗命令、组织协同或报告情况之前，为使有关人员了解当面地形和火情，应进行地形特别是危险地形、方位、风向可能变化及灭火方向介绍。

介绍顺序　现地方位、站立点在图上位置、方位物（应选择3~5个特征明显、不易损坏的独立地物或地形点）、当面地形、可供避险的点位和灭火兵力部署。

介绍方法　面向着火方向，按由近及远，由右至左，手指口述，逐次简明具体地指明目标的方位、特征和名称，必要时也可指出距离。充分利用方位物或明显地形点与目标的关系进行介绍。

第三节 森林防火"一张图"系统

森林防火"一张图"系统是一套资源配置网络化管理的可离线、数据可更新、使用便捷、标识完整的二维或三维"一张图"电子地理信息网络化管理系统，可基于"天地图""奥维"地图、ArcGIS 等进行开发应用，通过现有数据导入或利用手持卫星定位设备将区域内森林资源信息、应急道路、森林消防储水罐、消防队伍等位置信息进行采集，经过处理后将上述信息整合到电子地图上，实现火灾地区地形、地貌、植被及周边森林防灭火资源配置的快速展示。

一、火场3D展示

为指挥人员提供火场及周边区域全景地图，直观展示火场地形、地貌、林分类型以及周边村镇、重要设施分布情况，结合实地，使指挥人员能够快速识别火场内及周边狭窄山谷、狭窄山脊、鞍形区等易发生扑火安全事故危险区域，为指挥人员制定火灾扑救方案提供科学依据，确保扑火安全。

二、信息查询及路径规划

可快速查看火场周边防灭火队伍部署、居民点、重要设施、防火设施、设备分布等情况；使指挥人员能够快速掌握火场周边道路、专业及半专业森林消防队伍、装备、取水设施等情况，便于实现队伍科学调遣，最短时间到达火场；通过掌握居民点、重点设施分布情况，可优先将扑火力量部署到上述地点周边，通过开设隔离带、防火线等措施，保障人民生命财产及重要设施安全。

三、地图测量

结合无人机侦查实时回传矢量数据及实时影像，通过矢量数据录入，可将火场实时形态展示到电子地图上，通过"一张图"自带测量工具，可对火场面积及火线长度进行精准测量，并能直观展示外围火头位置及长度，为科学部署扑救力量提供依据。

四、火场态势预测

可结合火场实时风速、气温、湿度、地形地貌、可燃物载量等因子，通过大数据分析、云端计算等技术手段科学预判火场发展趋势，为指挥人员及时调整扑救方案，实现森林火灾安全、高效扑救提供强有力支撑。

此外，通过将林区视频监控及无人机实时影像整合到森林防火"一张图"上，还能实现远程火场观测及指挥。综上所述，它能配合森林防火应急指挥需要，让指挥人员能够在火灾现场，掌握周边资源配置信息，对防火队伍的部署、指挥、调度进行快速决策，达到迅速控制火势，人员迅速撤离的目的。

第四节　卫星定位与导航

根据卫星播发的无线电波和导航电文，确定空间点位置和运动轨迹的方法，称为卫星定位与导航。卫星定位和导航系统分全球卫星导航系统和区域卫星导航系统，在我国广泛使用的主要有美国的 GPS 系统和我国的北斗系统。

一、北斗定位导航系统

北斗卫星导航系统（以下简称北斗系统）是中国着眼于国家安全和经济社会发展需要，自主建设、独立运行的卫星导航系统，是为全球用户提供全天候、全天时、高精度的定位、导航和授时服务的国家重要空间基础设施。在森林灭火行动中发挥着极为重要的作用，随着先进的森林灭火装备运用，北斗系统重要性更加突出。

北斗卫星导航系统发展道路，逐步形成了"三步走"发展战略：

第一步 建设北斗一号卫星导航系统（也称北斗卫星导航试验系统）。1994 年，启动北斗一号卫星导航系统工程建设；2000 年，成功发射 2 颗地球静止轨道卫星，建成系统并投入使用，采用有源定位体制，为中国地区的用户提供定位、授时、广域差分和短报文通信服务；2003 年，发射第三颗地球静止轨道卫星，进一步增强系统性能，拓展系统服务和应用模式。

第二步 建设"北斗二号"卫星导航系统。2004 年，启动"北斗二号"卫星导航系统工程建设；2012 年年底，成功完成 14 颗卫星发射组网。"北斗二号"系统在兼容"北斗一号"系统技术体制和服务业务的基础上，增加了无源定位体制，扩大了服务区范围，可为亚太地区用户提供定位、测速和短报文等通信服务。

第三步 建设北斗全球系统。2009 年，启动"北斗三号"全球系统研发和研制建设，目前已经完成了 35 颗卫星发射组网，为全球用户提供服务。

目前民用用户的定位精度优于 10 米，测速精度优于 0.2 米/秒。在森林草原防灭火行动中，通过北斗系统的短报文与位置报告功能，实现火情速报、灭火指挥调度、快速应急通信等，可极大提高灭火行动中的应急救援反应速度和决策能力。

二、GPS定位与导航系统

GPS 是英文 Global Positioning System（全球定位系统）的简称。该系统具有性能好、精度高、应用广的特点，是迄今最好的导航定位系统。随着全球定位系统的不断改进，硬、软件的不断完善，应用领域正在不断地开拓，目前已遍及国民经济各种部门和人们的日常生活。

GPS 的应用十分广泛。它能在全球的各个地方，全天候地随时告诉所处位置、正在前进的方向和速度，离目的地还有多远，以及是否偏离了预定方向。GPS 接收机最适于在开阔地使用。当附近有高大建筑物、陡峭的崖壁、山脊或处于林地时，要防止遮断天线接收信号，并要尽量避开高压线、强磁场，天线应设置在最高处。

便携式 GPS 接收机，特别便于灭火分队在林区机动。当沿预定路线行进时，先在地形图上顺次量出起点、中间点（如拐点等）和终点的三维坐标并标记在图上；在起点进行首次定位，并与已标注的三维坐标进行核对，若差值在误差限值之内，即开始行进。行进中不断更新定位，检查坐标的变化是否渐趋于计划中下一点的坐标，当达到预定点坐标 ±100 米附近时，应利用地形图作进一步的准确定位。在 1∶5 万图上，100 米相应为 2 毫米。因此尽管误差较大，但仍有利于依图定位。依此，可至终点。

利用 GPS 接收机还可判定方位。即连续更新定位值，凡能使横坐标值不变，而使纵坐标值增加的方向为坐标北。越野行进时，还可根据计划中的起点、中间点和终点坐标计算出的坐标方位角，依纵、横坐标的增量变化比率方向行进，即能迅速到达终点。

参考文献

陈祥伟，胡海波，2005. 林学概论 [M]. 北京：中国林业出版社.

李银梅，2022. 生态保护与林业发展研究 [J]. 现代农业研究 (3):109-111.

徐伟义，金晓斌，杨绪红，2018. 中国森林植被生物量空间网格化估计 [J]. 自然资源学报 (10):1725-1741.

卢欣石，2019. 草原知识读本 [M]. 北京：中国林业出版社.

舒立福，刘晓东，2016. 森林防火学概论 [M]. 北京：中国林业出版社.

金可参，1981. 大兴安岭森林火灾后果调查 [J]. 林业科技 (1):24-25.

姚树人，文定元，2002. 森林消防管理学 [M]. 北京：中国林业出版社.

王高潮，2018. 扑救森林火灾典型案例（2006—2015）[M]. 北京：中国林业出版社.

王立伟，岳金柱，2006. 实用森林灭火组织指挥与战术技术 [M]. 北京：中国林业出版社.

白雪峰，2006. 森林灭火战术 [M]. 北京：人民武警出版社.

张运生，舒立福，2012. 森林火灾扑救组织与指挥 [M]. 北京：中国林业出版社.

陈志红，陈必和，2012. 森林火灾的危害及防火措施 [J]. 现代农业科技 (1):236-240.

张智山，1995. 草原火灾危害知多少 [J]. 牧业通讯 (5):22-23.

钟德军，2008. 森林火灾预防与扑救 [M]. 北京：中国林业出版社.

赵凤君，舒立福，姚树人，2011. 俄罗斯2010年森林大火及教训 [J]. 森林防火 (4):43-46.

孙扎根，2015. 森林消防专业队使用手册 [M]. 北京：中国林业出版社.

马玉春，2018. 消防员入职训练教材 [Z]. 北京：应急管理部森林消防局.